房屋查验从业人员培训教材

房屋查验从业人员培训教材编委会　编

验房专业实务

王宏新　赵庆祥　杨志才　赵　军　主　编

王清华　赵太宇　闫　钢　副主编

中国建筑工业出版社

图书在版编目（CIP）数据

验房专业实务／王宏新等主编．—北京：中国建筑工业出版社，2016.12（2023.2重印）

房屋查验从业人员培训教材

ISBN 978-7-112-19780-4

Ⅰ．①验… Ⅱ．①王… Ⅲ．①住宅—工程质量—工程验收—技术培训—教材 Ⅳ．①TU712

中国版本图书馆CIP数据核字（2016）第213586号

本书是房屋查验从业人员培训教材之《验房专业实务》分册。全书详细讲述了验房流程、常用工具及方法、毛坯房和精装房的验点、验房顺序、作业标准、验房报告及范例、常见质量问题等内容，是实操性极强的专业实务。验房师掌握了这些专业知识，就可以进行实地验房工作。

本书供有志于成为验房师的专业人士、第三方验房机构从业人员、房屋查验与检测人员提高业务技能学习参考，也适用于本领域大专、职业院校专业教材，以及广大验房企业经营管理者、相关行业行政管理者作为其重要参考。

责任编辑：赵梦梅　封　毅　毕凤鸣　周方圆
责任校对：王宇枢　李美娜

房屋查验从业人员培训教材
房屋查验从业人员培训教材编委会　编
验房专业实务
王宏新　赵庆祥　杨志才　赵　军　主　编
王清华　赵太宇　闫　钢　副主编
*
中国建筑工业出版社出版、发行（北京海淀三里河路9号）
各地新华书店、建筑书店经销
北京京点图文设计有限公司制版
北京建筑工业印刷厂印刷
*
开本：787×1092 毫米　1/16　印张：8½　字数：178 千字
2017 年 9 月第一版　2023 年 2 月第七次印刷
定价：**39.00** 元
ISBN 978-7-112-19780-4
（27033）

❖“房屋查验从业人员培训教材”编委会

主　编

王宏新　赵庆祥　杨志才　赵　军

副主编

王清华　赵太宇　闫　钢

参编单位与人员

北京师范大学房地产研究中心：高姗姗、孟文皓、邵俊霖、席炎龙、周拯

北京房咚咚验房机构：张秉贺、邱立飞、刘晓东、张亚伟、刘姗姗

广州铁克司雷网络科技有限公司：王剑钊

江苏宜居工程质量检测有限公司：赵林涛、姜桂春、陶晓忠

上海润居工程检测咨询有限公司：周勇、沈梓煊、张所林

参与审稿单位与人员

长春澳译达验房咨询有限公司：张洪领

河南豫荷农业发展有限公司：杨宗耀、王军

汇众三方（北京）工程管理有限公司：李恒伟

江苏首佳房地产评估咨询事务所徐州分公司：姬培清

山东淄博鲁伟验房：曹大伟

西安居正房屋信息咨询服务有限公司：王林

珠海响鼓锤房地产咨询有限公司：刘奕斌

前言 Preface

从酝酿、准备，到组织、撰写，再到修改、润色，直至最终定稿，历时6年之久，中国验房师终于有了自己成体系的行业与职业系列培训教材！

验房师产生于20世纪50年代中期的美国，到20世纪70年代早期，验房被众多国家纳入房地产交易中成为重要一环，由第三方来承担验房职能已成为西方发达国家惯例。如美国，普遍做法是委托职业验房师对准备出售或购置的住宅进行检验、评估，目的是买卖双方全面了解住宅质量状况。在法国，凡房屋交易前必须由验房师对房屋进行检验，出具验房报告才能进行交易。当前，发达国家验房已步入专业化、标准化、制度化和精细化发展阶段。

十多年前，国内开始出现"第三方验房"、"民间验房师"等验房机构，验房业作为第三方市场力量的出现，有着客观、深刻的市场和社会背景。当房屋质量问题频频发生，第三方检测与鉴定机构介入房屋交易过程，为买卖双方提供验房服务，可以减少交易纠纷，提高住房市场交易效率，促进经济社会可持续发展。它们实际上是顺应市场需要、为购房者服务、为提升新建住宅工程质量服务的新型监理、服务咨询机构。行业发展之初，由于长期受到现行体制的排斥，不受开发商和政府"待见"而无法获得其应有的市场地位，数以千计的"民间验房师"无法获得政府部门认可的职业与执业资格，然而他们却在购房者交付环节中的权利维护、新建住宅工程质量的保障与提升中作出了很大的贡献。

验房业是社会竞争激烈和社会分工日益细化的产物，是国家对第三产业的支持力度不断加大的结果，同时也是房地产行业健康、和谐、持续发展的必然要求。在我国房地产市场经历了持续高温后逐渐向质的提升转型趋势下，验房业发展有望步入市场化、规范化和制度化发展轨道。然而，从业人员水平良莠不齐，各地操作缺乏统一标准，无疑也阻滞了行业的顺畅发展。

2011年，由我与赵庆祥主编的《房屋查验（验房）实务指南》由中国建筑工业出版社出版。该书出版后，成为中国验房行业的第一本培训教材，被国内相关培训机构作为验房师培训指定教材。又经过六年来验房业理论与实践发展，这套"房屋查验从业人员培训教材"（以下简称为"丛书"）终于摆在了广大读者面前。"丛书"包括以下五本分册：

《验房基础知识》包括导论、房屋基础知识、组织与人力资源、运营与管理、行业发展以及国际视野五部分，旨在将验房、验房师、验房业相关的基本概念、基础理论与实践状况进行系统总结与梳理，为验房师从事验房职业与验房企业经营管理打下扎实的理论基础。

《验房专业实务》详细讲述了验房流程、常用工具及方法、毛坯房和精装房的验点、验房顺序、作业标准、验房报告及范例、常见质量问题等内容，是实操性极强的专业实务。验房师掌握了这些专业知识，就可以进行实地验房工作。

《第三方实测实量》定位于工程在建全过程，第三方验房机构针对项目工程过程中每个节点，区分在建工程和精装工程，分部分项进行质量及安全抽查、把控。内容包括概述、土建工程篇、精装工程篇、常见问题及典型案例、常用文件及表式。主要以表格的方式呈现，每个节点都包括指标说明、测量工具和方法、示例、常见问题、防治措施、工程图片等，清晰明了。

《第三方交房陪验》针对开发商头疼的交房环节，细致讲述了第三方验房机构如何辅助开发商进行交房工作、提高业主满意度和交房收楼率。全书从关注业主需求的“业主视角”入手，详细讲述了交房方案、交付现场规划、交付流程、答疑、材料准备、风险检查、模拟验收等内容。图文并茂，轻松活泼。

《验房常用法律法规与标准规范速查》作为验房师的必备辅助资料，收录了验房最常涉及的法律法规和标准规范，同时为了便于查找，还按查验项目类别，如入户门、室内门窗工程、室内地面工程等进行了规范索引，以便读者更快定位到所需的规范条文。

需要特别指出的是，本套丛书中提到的“毛坯房”其实应该叫做“初装修房”，其与“精装修房”相对应，是新房交付的两种状态。因业内习惯称之为“毛坯房”，为便于理解，本套丛书相关知识点采用“毛坯房”这一说法。

本套丛书旨在打造中国验房师培训的职业教材同时，也适用于本领域大专、职业院校专业教材，以及广大验房企业经营管理者、相关行业行政管理者的重要参考。

丛书的出版，得到了中国房地产业协会副会长兼秘书长冯俊先生、中国房地产研究会副会长童悦仲先生，以及原建设部质量安全司质量处处长、原中国建筑业协会工程建设质量监督与检测分会会长吴松勤先生的大力支持，他们认真审稿、严格把关，使丛书内容质量上了一个新的层次。也感谢中国建筑设计研究院原副总建筑师、中国房地产业协会人居环境委员会专家委员会专家开彦先生对验房行业发展的关心和指导，让我们不忘记初心，砥砺前行。

感谢为本套教材出版奉献了大量一手资料的江苏宜居工程质量检测有限公司、上海润居工程检测咨询有限公司、北京房咚咚验房机构、山东名仕宜居项目管理有限公司、广州啄木鸟工程咨询有限公司等机构；尤其感谢江苏宜居工程质量检测有限公司赵军总裁和上海润居工程检测咨询有限公司杨志才总经理二位，他们是中国验房行业的真正创始者和实践先行者，也是行业热爱者、坚守者、布道者，二位在繁重的工程管理与企业管理的同时，承担了主编一职，参与了策划、编写全程，积极联系、协调同行，还担任主讲教师参加到行业培训第一线，为丛书的出版和行业人才培养倾注了大量心血；特别感谢中国建筑工业出版社房地产与管理图书中心主任封毅编审的大力支持，没有她的支持与帮助，出版这套丛书是难以想象的。最后，还要衷心感谢为丛书审稿的各位领导、专家和行业同仁，丛书的出版凝结了全行业的力量和奉献！

本套丛书在编写过程中，还参考了大量的文献资料，其中有许多资料几经转载及在网络上的大量传播，已很难追溯原创者，也有许多与行业相关技术标准紧紧联系，很难分清其专有知识产权属性。在此，我们由衷感谢所有为中国验房行业奉献的机构与人士，正是汇聚了大家的知识，这套教材才实现了取之于行业、用之于行业的初衷，也真正成为中国验房行业的集体成果。“开放获取”趋势正在成为全球数字化知识迅速增长、网络无处不在背景下的时代潮流。当本丛书付梓出版这一刻，就对所有读者实现开放获取了。对本丛书知识富有贡献而未能在丛书中予以体现的机构或人士，请与我们联系。同时，欢迎广大同行们对丛书的错漏不足之处批评指正，以便我们及时修订完善，使其内容更加实用，更好地为行业服务！

奔梦路上，不畏艰难。让我们共同为住宅工程质量不断提升、人类可持续的宜居环境不断改善的梦想而努力奋斗，一起携手共同推动中国验房行业快速、健康和可持续发展！

王宏新

2017 年 9 月于北京师范大学

目录
Contents

第一部分　验房概述

第二部分　验房流程

第三部分　实地查验

第四部分 验房报告

第五部分 智能家居的查验

第六部分　常见质量问题

附录

第一部分　验房概述

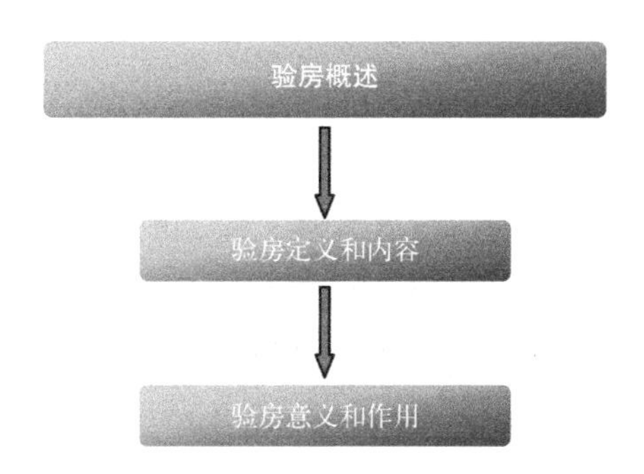

1　验房定义和内容

20 世纪 50 年代以来，随着西方发达国家房地产交易量持续上升，特别是二手房市场交易空前活跃，许多由买卖双方在交易时点对房屋现状确认不清而导致的后续纠纷逐渐增多。在此背景下，“验房”成为人们在房地产交易过程中必不可少的环节之一。

1.1　什么是验房

验房（Home Inspection）又称房屋查验，是房地产交易过程中对房屋状况进行第三方检测与鉴定的一种行为。它是通过对房屋各主要系统及构件（包括结构、装修、设备及附属装置）的当前性状进行检测，以确认房屋状态、检测设施性能、提供鉴定报告，从而协助顾客进行房屋交易的过程。

1.2　验房流程与内容

验房通常需要 2～3 小时（$100m^2$），根据房屋的类型、大小有所不同。验房师按照房屋查验行业标准对房屋从上到下，由里到外检查一遍，其中包括检查室外场地、屋面、地下室、各楼层、阁楼、水电设施，并开动配套设备等，最后会将一份书面报告交给顾客。在验房过程中，顾客及代理经纪最好能够全程跟踪，这样，可以和验房师及时讨论一些问题，并会了解到许多房屋维护保养知识和一些设备的操作使用方法。

具体来讲，完整的验房工作要完成以下三方面主要内容：

第一，确认房屋状态，用定量的数据和定性的语言描述房屋即时状态。

第二，检测设施性能，检查房屋内各种设施是否具有完整功能。

第三，出具验房报告，为交易双方提供以独立第三方身份填写的验房报告。

2　验房意义和作用

验房作为第三方市场力量的出现，有着客观、深刻的市场和社会背景。一方面，消费者缺乏建筑及房地产专业知识，难以辨别所交易房屋的性能好坏；另一方面，交易双方彼此不信任也增加了交易障碍，这就需要验房师作为独立的第三方，对交易时点的房屋性状进行客观判断，并以此作为房屋交易的重要依据。

2.1　避免交易双方信息不对称

信息不对称是指市场上不同交易主体所拥有的信息量是不同的，即某些参与者拥有信息，而另一些参与者不拥有信息，或是一方拥有的信息多，另一方拥有的信息少。信息不对称是导致市场失灵的主要原因之一，会阻碍市场配置资源效率、影响经济增长与发展。

房屋交易中的信息不对称主要是指卖房者处于信息优势地位，而买房者处于信息劣势地位。在房产交易时，信息不对称现象更加突出。具体而言是指买卖双方对包括房屋质量、产权性质等内在属性所拥有信息的差异性，一般来说，房屋卖主其对房屋的质量、产权属性等状况非常了解，而买主却知之甚少，信息不对称。信息不对称会导致如下后果：

第一，房屋交易中的"逆向选择"。"逆向选择"是指在买卖双方信息非对称的情况下，差的商品总是将好的商品驱逐出市场，即拥有信息优势的一方，在交易中总是趋向于做出这样的选择——尽可能选择有利于自己而不利于别人。以二手房的交易来分析这个问题。在二手房交易过程中，处于信息劣势地位的买房者由于缺乏对房屋评估的专业知识，往往会根据二手房市场中所售房屋的平均质量给出买价，而卖主则根据买方的出价来提供低于买方出价的质次二手房，而那些高于买方出价（或高于二手房平均质量）的优质二手房会选择退出市场，从而使得二手房市场充斥着大量的次品。在现实中，我们可以看到卖房者出售的二手房多为楼层、朝向、结构不好或区位较差的房屋。

第二，引发交易纠纷。房产交易中的信息不对称还引发了各种类型的交易纠纷。与买房者相比，卖房者更清楚房屋的真实产权和质量性能状况，如果他不向买房者提及上述状况或是故意隐瞒房屋的真实产权状态，买房者很容易忽略上述情形。最后往往造成买卖合同已签订、买方首期款也已支付给业主后，在办理产权过户或使用过程中，才发现房屋有产权或质量缺陷，由此给买方造成很大的损失。

因此，建立专业的房屋质量评估检验机构很有必要。通过建立科学、标准的房屋质量评估检验机构，对房屋质量予以检测与鉴定，从而可以有效解决新房市场收房纠纷和二手房交易过程中“逆向选择”问题。购房者根据专业评估机构出具的房屋质量检测报告作出交易决策，避免交易纠纷。

2.2　避免交易双方彼此不信任

房屋交易过程中，购房者、租赁者等往往缺乏建筑专业背景，无法对房屋质量进行客观、公正、全面的评判。同时，房屋交易的买卖双方多互不相识，彼此的信任很难马上建立，在房屋的质量问题上，往往难以达成一致意见。为保证交易顺利进行，就需要请专业的验房企业来对房屋进行检验，出具科学的检验报告。验房企业和验房师作为独立的第三方，和房屋及买卖双方没有直接的利害关系，对房屋质量的技术评价客观、公正，容易被买卖双方接受，从而促成交易的达成。

总之，验房企业作为第三方检测与鉴定机构介入房屋交易是非常必要的，为买卖双方提供验房服务，可以减少交易纠纷，提高住房市场交易效率，促进经济社会可持续发展。

第二部分　验房流程

验房行业在我国还是一个新兴行业，人们对它的工作性质、内容和方式还很不了解。特别是验房程序和规则，在全国范围内还没有一个统一的标准，许多验房纠纷时有发生。因此，通过考察全国主要城市验房行业的程序和规则，经过提炼和整理，归纳出房屋实地查验的基本程序，包括如下三部分，共二十步。

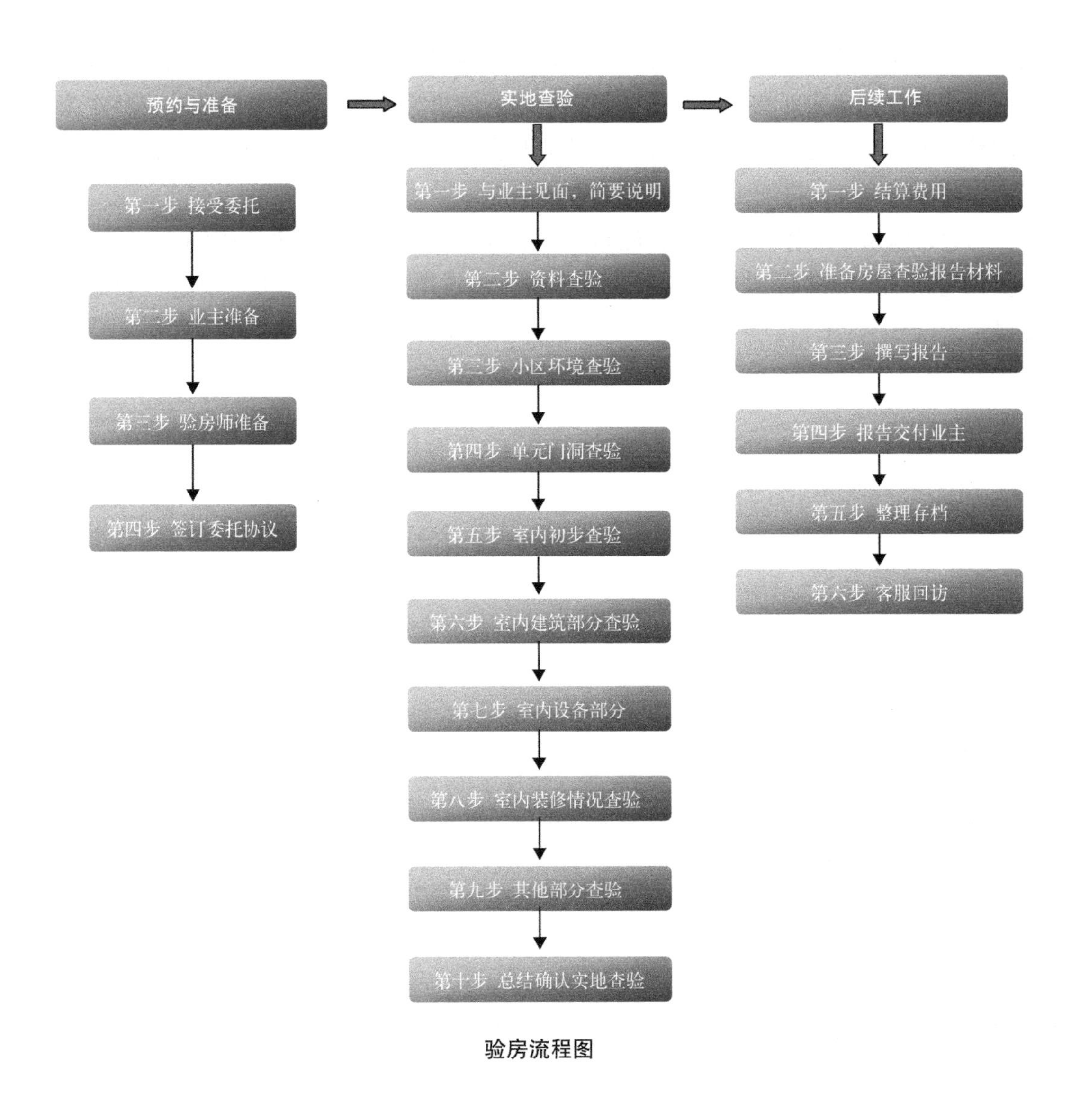

验房流程图

3 预约与准备

在实际查看房屋之前，验房师要跟业主进行事先联系，以确定好实地查验时间。同时，验房也应通过电话等方式对房屋性状进行大致了解，以决定查验时所需的各种资料、工具及其他所带物品。

在正式实地验房之前，验房师主要需要做好预约与必要的准备。

3.1 第一步：接待业主与接受业主委托

预约阶段的首要任务是接受业主委托。此时，业主可以通过电话或其他方式，与验房师取得联系，约定验房时间，提供初步信息，做好验房准备。

而作为验房师，在接待客户或接听客户电话时，要做到礼貌待客、诚信待人。具体来说，有如下几点需要注意的地方。

电话接待客户注意事项：

（1）电话铃响三声内接听；

（2）始终保持热诚、亲切、耐心的语音语调；

（3）注意说话的音量，传递出必要信息；

（4）回答问题要准确流畅；

（5）后挂电话，留下快乐的结尾；

（6）尽量留下客户电话；

（7）如代接电话，应及时反馈给相应的同事，并叮嘱其回电。

递送名片注意事项：

（1）忌过早递名片；

（2）忌将过脏、过时或有缺点的名片给人；

（3）忌将对方的名片放入裤兜或在手中玩弄或在其上记备忘事情；

（4）忌先于上司向客户递名片；

（5）应双手接过对方的名片；将名片递给对方时应双手，至少也是右手，且印有名字的面应朝上正对客户。

3.2 第二步：业主准备

一旦与验房师确定了房屋查验的时间，业主就可以根据验房师建议，做好如下准备。

第一，提前准备好小区、房屋的通行证件、各类房屋钥匙，以避免房屋查验时有房间打不开或不能顺利进入而耽误了时间。

第二，通知必要的物业管理人员。有些房屋查验需要打开一些公共物业管理部位，如管道井、设备层等，遇到这种情况，业主最好事先与物业管理人员和验房师沟通好，在力所能及的范围内解决问题，促进验房顺利进行。

第三，业主自行准备或通知房屋销售人员、物业人员准备好相应文本资料：《住宅质量保证书》《住宅使用说明书》《建筑工程质量认定书》《房地产开发建设项目竣工综合验收合格证》《房产证》《土地证》《竣工验收备案表》《房屋销售合同》以及其他有效有用文本等。前文提到，这几项文件是确定房屋性状的重要依据，特别是涉及一些保修期之类的内容，都应在该类文件中予以查得。另外，必要的身份证件、房屋权属证件也是更好地协助验房的必备文件。特别是房屋权属证书中，有记载面积、范围等房屋具体内容的事项，这些材料业主都需要根据房屋实地查验的需要提前准备好。

第四，如房屋涉及出售、出租、抵押等交易活动，业主还需准备好相应合同、协议书、评估证明等。由于房屋查验必然是处于某种目的，或是为了交易，或是为了更好地居住等。若是为了交易，请业主提前好房屋查验本身是否影响到交易，比如说出租房屋的查验最好要待租赁双方都在的时候进行等。

3.3　第三步：验房师准备

在业主准备的同时，验房师也应当根据业主要求，相应做好下列准备。

第一，熟悉所验房屋的区位、周边情况、房地产情况及交通、医疗、教育、体育等设施分布情况。验房师在房屋实地查验之前，要对项目情况及各种细节一一掌握，避免出现一问三不知的尴尬。同时，在去房屋进行查验的路线安排上，应事先探明所用时间，避免迟到现象的发生。所以，尽量要提前熟悉看房路线，避免走冤枉路。

第二，熟悉所验房屋的户型、结构、格式、特点等。这样，房屋实地查验就更有针对性。

第三，熟悉各种房屋交易流程、文本填写及注意事项。验房师应当是通才，一旦业主问到与房屋有关的各种内容时，验房师都应该予以回答并做出适当解释。

第四，准备好相应验房工具。

第五，准备好各类文本，如《房屋实地查验报告》《收据》等。

第六，准备好通勤工具、线路和时间安排。

第七，做好与业主验房前的各种交流、沟通与互动。作为验房师来说，事先与业主的沟通与互动很重要。因为业主委托验房，一定是处于某种目的，这时候，验房师应当及时了解客户的目的要求，提供更有针对性的服务。

第八，准备好各种公司印章或个人印鉴，名片。

3.4　第四步：签订委托协议

当业主决定验房后，应及时与业主签订委托协议。

4　实地查验流程

做好了各种准备工作，与业主约定好验房时间，按时到达验房地点，房屋实地查验就可以正式开始了。

4.1　第一步：与业主见面，简要说明

验房师与业主在指定地点见面，验房开始。由于并不是所有的业主都了解验房，并不是所有的消费者都清楚验房的局限性。因此，在正式验房开始之前，验房师有必要向业主简单介绍验房工作及房屋查验的局限性，要求业主协助完成各种验房任务，并向业主说明可能发生的各种情况，解答业主关于验房有关事情的疑问。

4.2　第二步：资料查验

验房师在实地验房开始前，最好先逐一检查业主携带的各种与房屋有关的文本、资料和证明文件，以确保验房活动的合法合理性。一般来说，出于保护隐私及尊重个人住房权利的需要，委托验房的被委托人都应该是与房屋有权利关系的人，包括业主、物业使用人、租赁者等。因此，事先验明好相关证件，有助于验房本身的合法与合理化。

4.3　第三步：小区环境查验

房屋实地查验开始后，验房师首先要对房屋外部环境进行查验，包括：小区人防工程查验、消防、安防、小区绿化、小区道路交通。

4.4　第四步：单元门洞查验

在进行完小区环境查验之后，如果是楼房，进入房屋之前，验房师还应对房屋单元门洞进行查验，包括：电梯、门厅、楼梯、走道。

4.5　第五步：室内初步查验

除单元门洞查验之外，验房师也应对室内进行初步查验，包括：进户门、房屋安防措施。

4.6 第六步：室内建筑部分查验

验房师要对室内建筑部分进行查验，包括：室内墙面、地面及顶棚、厨卫间、门窗、空间尺寸。

4.7 第七步：室内设备部分

为更好地了解房屋性状，验房师应对室内给水排水、供暖、通风空调、燃气、电气设备等部分进行查验。

4.8 第八步：室内装修情况查验

在对室内电气设备部分查验之后，验房师对照查验标准，对房屋室内装修情况进行查验，包括：地面面层（板材、块材）、墙面的装饰、隔墙安装；直接式顶棚、吊顶、细部装修、室内楼梯、阳台设施、平台、露台、壁炉、窗帘盒、软包制品等；厨房设备、卫生间设备、各类电气设备。

4.9 第九步：其他部分查验

验房师应在遵循基本查验范围的情况下，酌情对业主要求的除上述列表外的其他部位、设施进行查验，包括：采光、通风、隔噪、节能。

4.10 第十步：总结确认实地查验

验房师向业主简单总结查验过程，对具体问题提出方案和措施。验房师与业主协商，结束实地查验，业主需在房屋查验表上签字确认查验结果。验房师整理好各种检测工具。

5 后续工作

在房屋实地查验之后，要进行房屋查验报告的撰写及费用的核算等。

5.1 第一步：结算费用

业主与验房师结算有关费用，并支付剩余检测费用。

5.2 第二步：准备房屋查验报告材料

验房师搜集和整理实地验房的相关资料。

5.3 第三步：撰写报告

验房师填写房屋查验报告。

5.4 第四步：报告交付业主

验房师将房屋查验报告交付业主，业主签字确认。

5.5 第五步：整理存档

验房师将房屋查验的资料整理、存档。

5.6 第六步：客服回访

验房结束后，客服人员应及时电话回访业主。

综上，验房流程如下表 5.6 所示。

验房流程　　　　表 5.6

阶段	序号	名称	内容	备注
房屋实地查验预约与准备	1	接受业主委托	业主通过电话或其他方式，与验房人员取得联系，约定验房时间，提供初步信息，做好验房准备	
	2	业主准备	业主根据验房人员建议，做好如下准备： ① 小区、房屋的通行证件、各类房屋钥匙； ② 通知必要的物业管理人员； ③ 业主自行准备或通知房屋销售人员、物业人员好相应文本资料：《住宅质量保证书》、《住宅使用说明书》、《建筑工程质量认定书》、《房地产开发建设项目竣工综合验收合格证》、《房产证》、《土地证》、《竣工验收备案表》、《房屋销售合同》以及其他有效有用文本等。 ④ 如房屋涉及出售、出租、抵押等交易活动，业主还需准备好相应合同、协议书、评估证明等	
	3	验房人员准备	验房人员根据业主要求，相应做好下列准备： ① 熟悉所验房屋的区位、周边情况、房地产情况及交通、医疗、教育、体育等设施分布情况； ② 熟悉所验房屋的户型、结构、格式、特点等； ③ 熟悉各种房屋交易流程、文本填写及注意事项； ④ 准备好相应验房工具； ⑤ 准备好各类文本，如《房屋实地查验报告》等； ⑥ 准备好通勤工具、线路和时间安排； ⑦ 做好与业主验房前的各种交流、沟通与互动； ⑧ 准备好各种公司印章或个人印鉴	
	4	签订委托协议	当业主决定验房后，应及时与业主签订委托协议。	
房屋实地查验实施	5	与业主见面，简要说明	验房人员与业主在指定地点见面，验房人员向业主简要介绍工作职责及验房范围，要求业主协助完成各种验房任务，并向业主说明可能发生的各种情况	
	6	资料查验	验房人员在实地验房开始前，先逐一检查业主携带的各种与房屋有关的文本、资料和证明文件，以确保验房活动的合法合理性	

续表

阶段	序号	名称	内容	备注
房屋实地查验实施	7	小区环境查验	验房人员对小区大环境进行查验，包括小区区位、通勤、楼间距、绿化率、容积率和建筑密度等	
	8	单元门洞查验	验房人员对房屋单元门洞进行查验，包括电梯、门厅、走道	
	9	室内初步查验	验房人员对房屋室内初步进行查验，包括合同、进户门、房屋安防措施等	
	10	室内建筑部分查验	验房人员对房屋室内建筑部分进行查验，包括室内墙面、地面及顶棚、厨卫间、门窗、空间尺寸	
	11	室内设备部分	验房人员对房屋室内给水排水、供暖、通风空调、燃气电气设备等部分进行查验	
	12	室内装修情况查验	验房人员对室内装修情况进行查验，包括： ① 地面面层（板材、块材）； ② 墙面的装饰、隔墙安装； ③ 直接式顶棚、吊顶； ④ 细部装修、室内楼梯、阳台设施、平台、露台、壁炉、窗帘盒、软包制品等； ⑤ 厨房设备、卫生间设备、各类电气设备	
	13	其他部分查验	验房人员对房屋室内装修情况进行查验，包括采光、通风、隔声、节能等	
	14	总结确认实地查验	验房人员向业主简单总结查验过程，对具体问题提出方案和措施。 验房人员与业主协商，结束实地查验，业主需在房屋查验表上签字确认查验结果。验房人员收拾好各种检测工具	
房屋实地查验后续工作	15	结算费用	业主与验房人员结算有关费用，并支付报酬	
	16	准备房屋查验报告材料	验房人员搜集和整理实地验房的相关资料	
	17	撰写报告	验房人员填写房屋查验报告	
	18	交付业主	验房人员将房屋查验报告交付业主，业主签字确认	
	19	整理存档	验房人员将房屋查验的资料整理、存档	
	20	客服回访	验房结束后，客服人员应及时电话回访业主	

小贴士

1. 业主电话咨询验房，我们需从业主那里知道些什么？

①城市		②小区	
③房屋类型		④预约时间	
⑤楼号		⑥面积	
⑦业主电话		⑧业主姓名	

2. 验房什么价格，客服如何报价？

答：请问你房子在哪个城市？请问您是毛坯房还是精装房，房子总面积多少？

________收费用标准：

毛坯验房：

$100m^2$ 以内（含 $100m^2$），收费是________元；每超出 $1m^2$，按__元 /m^2 计算。

精装验房：

$100m^2$ 以内（含 $100m^2$），收费是________元，每超出 $1m^2$，按__元 /m^2 计算。

（注：根据所在地区价格进行报价）

3. 物业以各种理由阻止继续验房该怎么办？

答：询问业主的意见，让业主与物业交流，我们只要最后的结果。

4. 你们验房开发商认可吗？

答：我们验房验出的质量问题是客观存在的，并有相关的法律法规支撑。

5. 你们公司有什么资质？

答：我们公司是______________________________（介绍公司资质）。

6. 你们验房师有什么资质？

我们工程师，均有相关从业资格证书，如果您需要查验证书，我们可以提前让工程师携带复印件在身边。

7. 毛坯、精装验房现场需要多长时间？

答：根据现场验收质量问题，时间不确定，一般情况是：

毛坯房 $100m^2$ 左右，1～1.5 小时左右。

精装修房 $100m^2$ 左右，1～2 小时左右。

根据房屋质量问题，时间可能会增加或缩短。

8. 收房后，你们再验房，开发商认可吗？

答：收房后，当然可以验房，开发商肯定也是认可的。

您在拿房的时候，应该签收了一份“房屋质量保证书”，里面详细记录了房屋的保修年限，只要在保修年限内存在房屋质量问题，开发商都是认可的，这也是法律赋予你的权利以及开发商的义务。

9. 验房什么时间验比较好？

答：根据住房城乡建设部和工商总局联合发布的 2015 版《商品房买卖合同示范文本》规定，办理交付手续前，买受人有权对该商品房进行查验，出卖人不得以缴纳相关税费或者签署物业管理文件作为买受人查验和办理交付手续的前提条件。买受人查验的该商品房存在除地基基础和主体结构外的其他质量问题的，由出卖人按照有关工程和产品质量规范、标准负责修复，并承担修复费用，修复后再行交付。我们是建议你们在收房前或收房当天验收，相对于后期比较容易维护业主的权益。当然，如果您已经收房，也是可以选择验房服务，只要您的房屋在质量保修期以内（房屋质量保证书有明确规定保修期）。

第三部分　实地查验

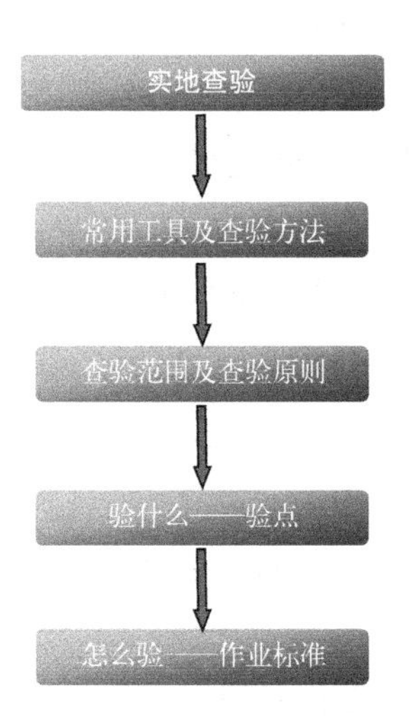

6　常用工具及查验方法

6.1　常用工具

验房工具是房屋查验中必不可少的验房设备，目前主要验房工具包括 2 米检测尺、对角检测尺、响鼓锤、内外直角检测尺、游标塞尺、检测镜、多功能磁力线坠、卷线器、伸缩杆、焊接检测尺、百格网尺、激光标线仪、激光测距仪、混凝土钢筋检测仪、自来水 pH 检测仪、十字螺丝刀、一字螺丝刀、验电笔、万能表、16A/10A 插座相位仪、卷尺、游标卡尺、数码照相机、打火机、旧报纸、便笺纸、粉笔、水、手电筒、手套、鞋套、网络线及同轴线测试器、打压泵、声级计、便携式钢化玻璃检测器。其他辅助工具包括钢直尺、人字梯、活动扳手、盛水设施（水盆或瓢）、记录单、笔、委托合同、相关证件等。根据所测房屋的种类不同，可针对性选择验房工具。

6.1.1　2m 检测尺

2m 检测尺又称靠尺，是检测建筑物体平面的垂直度、平整度及水平度的偏差。

1. 功能

垂直度检测，水平度检测、平整度检测，家装监理中使用频率最高的一种检测工具。检测墙面、瓷砖是否平整、垂直。检测地板龙骨是否水平、平整。

（1）垂直度检测

检测尺为可展开式结构，合拢长 1m，展开长 2m。

①用于 1 米检测时，推下仪表盖。活动销推键向上推，将检测尺左侧面靠紧被测面，（注意：握尺要垂直，观察红色活动销外露 3 ~ 5mm，摆动灵活即可）。待指针自行摆动停止时，直读指针所指刻度下行刻度数值，此数值即被测面 1m 垂直度偏差，每格为 1mm。

② 2m 检测时，将检测尺展开后锁紧连接扣，检测方法同上，直读指针所指上行刻度数值，此数值即被测面 2m 垂直度偏差，每格为 1mm。如被测面不平整，可用右侧上下靠脚（中间靠脚旋出不要）检测。

（2）平整度检测

检测尺侧面靠紧被测面，其缝隙大小用契形塞尺检测（参照 3.4 契形塞尺），其数值即平整度偏差。

（3）水平度检测

检测尺侧面装有水准管，可检测水平度，用法同普通水平仪。

2. 校正方法

垂直检测时，如发现仪表指针数值偏差，应用红外线标线仪校正，调正垂直，将检测尺放在标准水平物体上，用十字螺丝刀调节水准管“S”螺丝，使气泡居中。

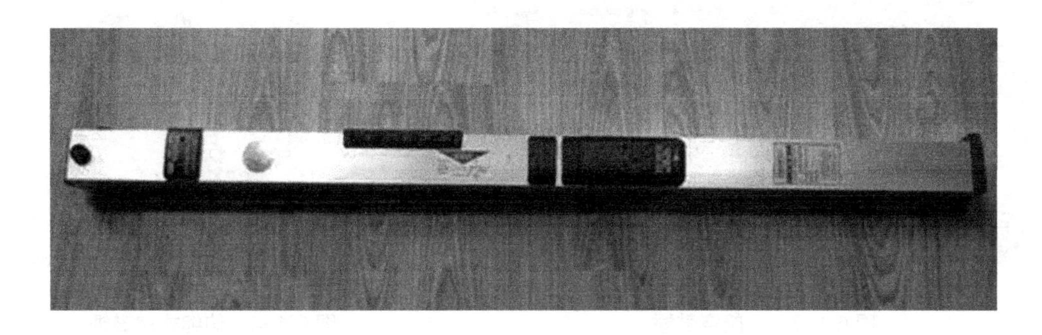

图 6.1-1　2m 检测尺

6.1.2　对角检测尺

1. 功能

检测方形物体两对角线长度对比偏差，将尺子放在方形物体的对角线上进行测量。

对角检测尺检测方形物体两对角线长度对比的偏差可伸缩 3 节对角检测尺。

（1）检测尺为 3 节伸缩式结构，中节尺设 3 档刻度线。检测时，大节尺推键应锁定在中节尺上某档刻度线“0”位，将检测尺两端尖角顶紧被测对角顶点，固紧小节尺。检测另一对角线时，松开大节尺推键，检测后再固紧，目测推键在刻度线上所指的数值，此数值就是该物体上两对角线长度对比的偏差值（单位：mm）。
（2）检测尺小节尺顶端备有 M6 螺栓，可装楔形塞尺、活动锤头、便于高处检测使用。

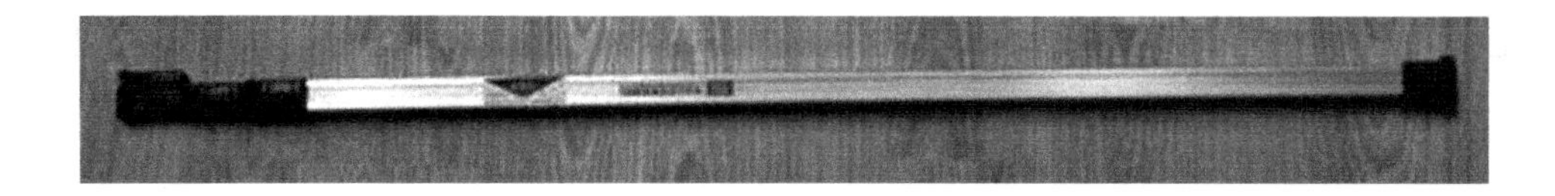

图 6.1-2　对角检测尺

6.1.3　空鼓锤

空鼓锤是一种由锤头和锤把组成的小工具，其特征在于锤头上部为楔状，下部为方形。一般分为 10g、15g、25g、50g 和伸缩式的空鼓锤。

其主要用于房屋墙面是否空鼓，可以通过锤头与墙面撞击的声音来判断。验房师通过敲击法，检查隐蔽工程的工程质量。敲击法主要通过利用特殊的敲击工具，考察隐蔽部位是否存在空鼓、起皱、用料不均等情况。例如隔墙中是否存在空鼓现象，夹层面板是否有密实的填充物等。

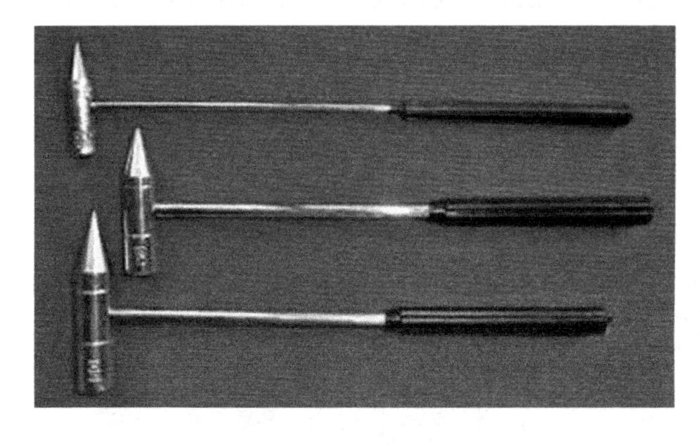

图 6.1-3　一般空鼓锤

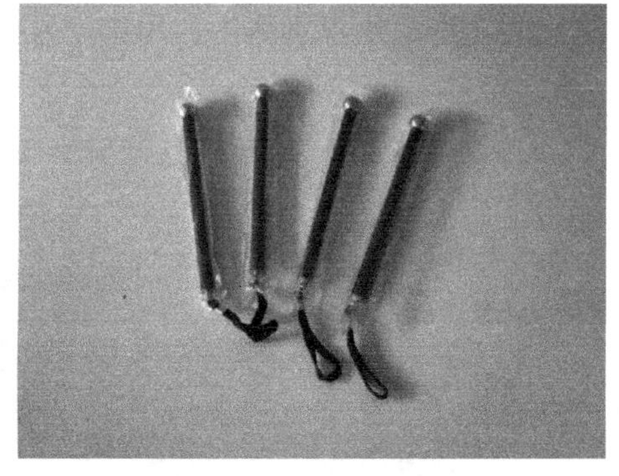

图 6.1-4　伸缩式空鼓锤

6.1.4　内外直角检测尺

内外直角检测尺主要用于检测物体上内外（阴阳）角的偏差及一般平面的垂直度与水平度。

（1）内外直角检测：将推键向左推，拉出活动尺，旋转 270° 即可检测，检测时主尺及活动尺都应紧靠被测面，指针所指刻度拍数值即被测面 130mm 长度的直角偏差，每格为 1mm。

（2）垂直度水平度检测：可检测一般垂直度及水平度偏差，垂直度可用主尺侧面垂直靠在被测面上检测，检测水平度应把活动尺拉出旋转 270° ，指针对准“0”位，主尺垂直朝上，将活动尺平放在被测物体上检测。

图 6.1-5　内外直角检测尺

6.1.5　楔形塞尺

楔形塞尺是用于检验间隙的测量器具之一。一般是与之相配的水平尺，将水平尺放于墙面上或地面上，然后用楔形塞尺塞入，以检测墙、地面水平度、垂直度误差。建筑上一般用来检查平整度、水平度、缝隙等，还直接检查门窗缝。

图 6.1-6　楔形塞尺

6.1.6　检测镜

检测镜主要用于查看隐蔽和正常看不到的地方（比如门扇上下收口及边缘是否刷漆防腐；管道背面和管道支架的内表面是否刷漆防锈等）。高的地方借助于伸缩杆，组合工具进行查验。

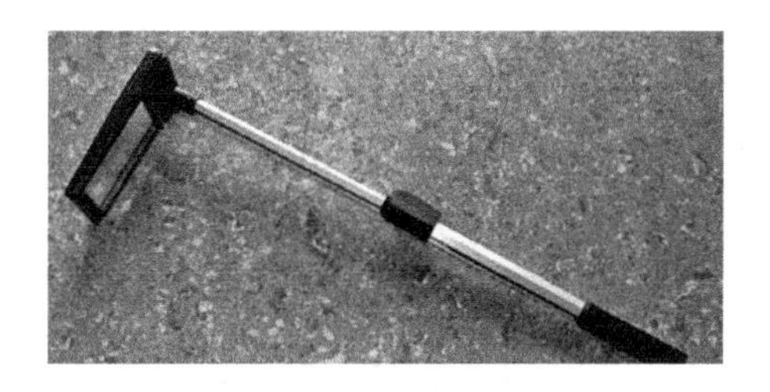

图 6.1-7　检测镜

6.1.7　多功能磁力线坠

多功能磁力线坠用于检测建筑物体的垂直度及用于砌墙、安装门窗、电梯等任何物体的垂直校正。

图 6.1-8　多功能磁力线坠

6.1.8　卷线器

卷线器是塑料盒式结构，内有尼龙丝线，拉出全长 15m，可用于检测建筑物体的平直，如砖墙砌体灰缝、踢脚线等（用其他检测工具不易检测物体的平直部位）。检测时，拉紧两端丝线，放在被测处，目测观察对比，检测完毕后，用卷线手柄顺时针旋转，将丝线收入盒内，然后锁上方扣。

图 6.1-9　卷线器

6.1.9　伸缩杆

伸缩杆可装楔形塞尺、检测镜、活动锤头等，是辅助检测工具。

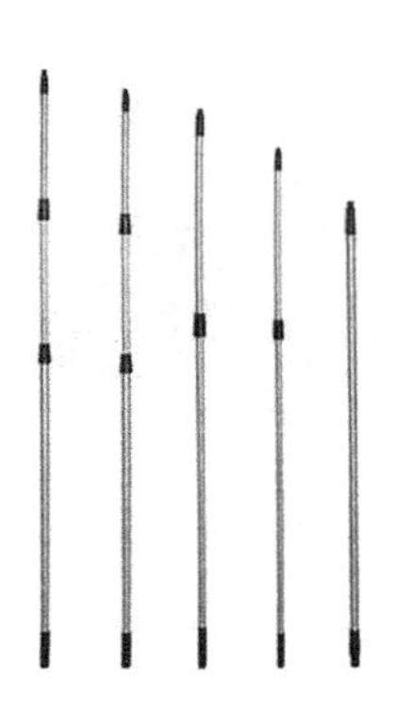

图 6.1-10　伸缩杆

6.1.10 焊接检测尺

焊接检测尺主要用于检测钢筋折角焊接后的质量。

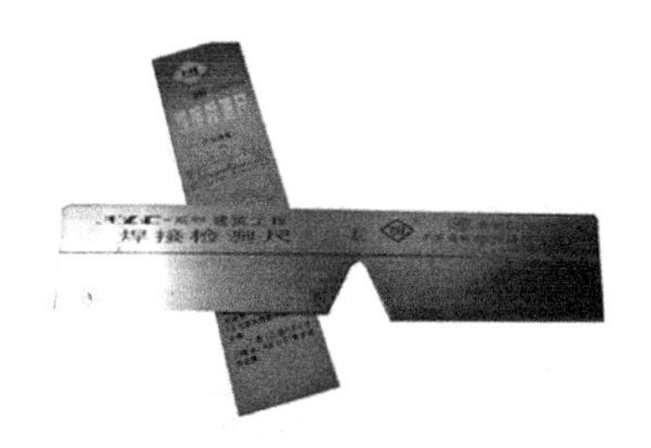

图 6.1-11 焊接检测尺

6.1.11 百格网尺

百格网尺就是按照一块标准砖的尺寸为外边尺寸，在该矩形内均分为 100 分格，专用检测砌体的灰浆饱满度。

图 6.1-12 百格网尺

6.1.12 激光标线仪

激光标线仪在验房中主要用于提供水平线与垂直线，测地面与顶面的水平度等。特点功能：自动调平、同时发射一条水平线和一条垂直线，形成互呈 90° 直角十字线、可机外自校、增加安平范围。

图 6.1-13 激光标线仪

6.1.13　激光测距仪

激光测距仪，是利用激光对目标的距离进行准确测定的仪器。激光测距仪在工作时向目标射出一束很细的激光，由光电元件接收目标反射的激光束，计时器测定激光束从发射到接收的时间，计算出从观测者到目标的距离。激光测距仪重量轻、体积小、操作简单速度快而准确，其误差仅为其他光学测距仪的五分之一到数百分之一。仪器特征：依据型号、品牌，测量范围一般在 60m 以内。

图 6.1-14　激光测距仪

6.1.14　十字螺丝刀、一字螺丝刀

螺丝起子、螺丝批或螺丝刀是一种以旋转方式将螺丝固定或取出的工具。主要有一字（负号）和十字（正号）两种。在验房过程中用以拆装箱电箱、开关、插座等使用。

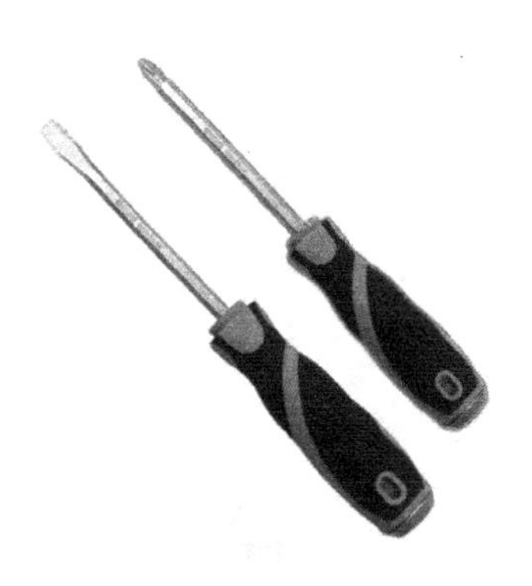

图 6.1-15　十字及一字螺丝刀

6.1.15　验电笔

低压验电笔是电工常用的一种辅助安全用具。用于检查 500V 以下导体或各种用电设备的外壳是否带电。一支普通的低压验电笔，可随身携带，只要掌握验电笔的原理，结合熟知的电工原理，灵活运用技巧很多。

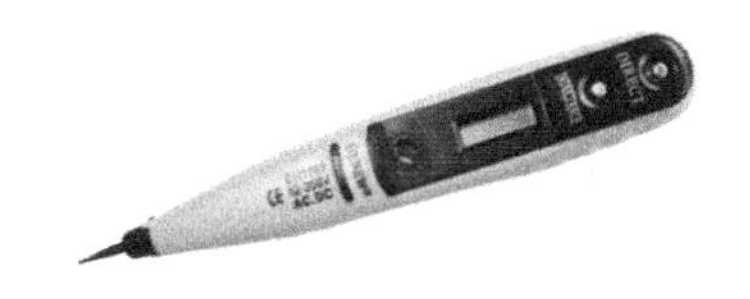

图 6.1-16 验电笔

6.1.16 万用表

万用表又称为复用表、多用表、三用表、繁用表等，是电力电子等部门不可缺少的测量仪表，一般以测量电压、电流和电阻为主要目的。万用表按显示方式分为指针万用表和数字万用表。是一种多功能、多量程的测量仪表，一般万用表可测量直流电流、直流电压、交流电流、交流电压、电阻和音频电平等，有的还可以测交流电流、电容量、电感量及半导体的一些参数（如 β）等。

图 6.1-17 万用表

6.1.17 16A/10A 插座相位仪

16A/10A 插座相位仪主要用于测 10A/16A 插座是否通断，相、零、地线是否连接正确、有无接反，查验漏电保护功能、回路是否正确。需注意黑色按钮为检查短路时漏电保护功能是否灵敏，不规则插座不要牵强测试，以免损坏。

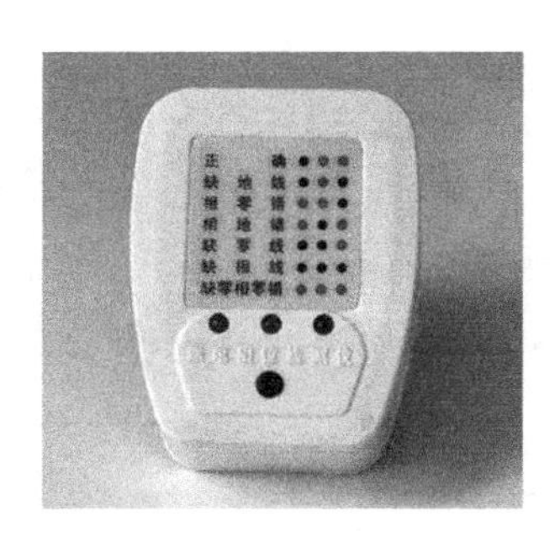

图 6.1-18 16A/10A 插座相位仪

6.1.18　卷尺

卷尺主要用于配合其他工具测尺寸（距离）。

图 6.1-19　卷尺

6.1.19　游标卡尺

游标卡尺，又称为游标尺子或直游标尺子，是一种测量长度的仪器。由主尺子和附在主尺子上能滑动的游标两部分构成。主尺子一般以毫米为单位。根据分格的不同，游标卡尺可分为十分度游标卡尺、二十分度游标卡尺、五十分度格游标卡尺等。

游标卡尺主要用于测量电线线径与各种管径。

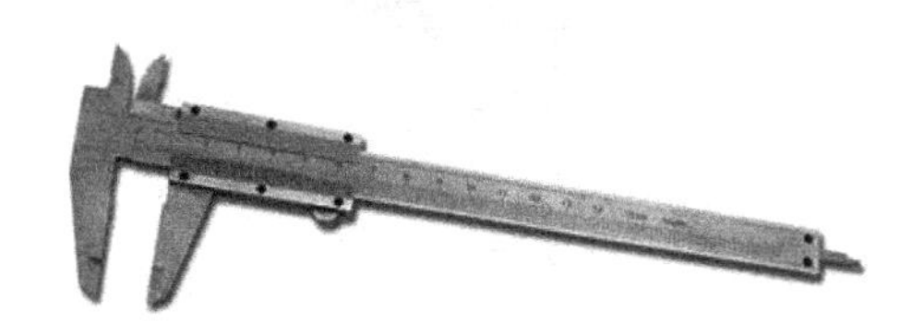

图 6.1-20　游标卡尺

6.1.20　数码照相机

数码照相机用于取证，作为附件，拍照时调出日期时刻。

图 6.1-21　数码照相机

6.1.21　手电筒

手电筒查验较暗或较隐蔽的部位。

图 6.1-22　手电筒

6.1.22　网络线、同轴线测试器

网络线、同轴线测试器主要用于检查网络线路与有线电视线路。

图 6.1-23　网络线、同轴线测试器

6.1.23　打压泵

打压泵主要用于检查冷、热水管道有无渗漏现象及管道耐压情况。

图 6.1-24　打压泵

6.1.24 声级计

声级计又叫噪声计，是一种用于测量声音的声压级或声级的仪器，是声学测量中最基本而又最常用的仪器。随着国民经济的发展和人们物质文化生活水平的提高，噪声普查和环境保护工作全面开展，机器制造行业已把噪声作为产品的重要质量指标之一，礼堂和体育馆等建筑物不仅仅要求造型美观，也追求音响效果，这些都使得声级计的应用越来越广泛。

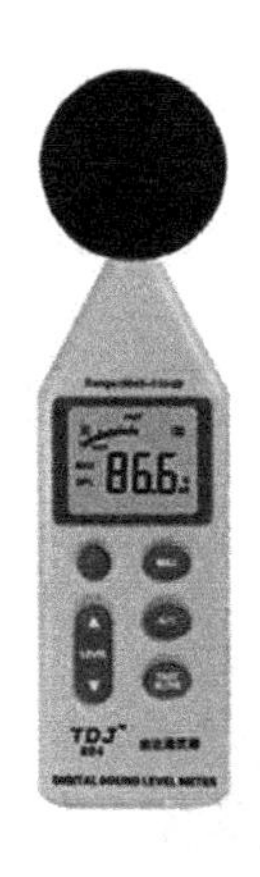

图 6.1-25 声级计

6.1.25 便携式钢化玻璃检测器

便携式钢化玻璃检测器用于检测检测玻璃是否为钢化玻璃，注意长时间不用时要将电池取出或充电。

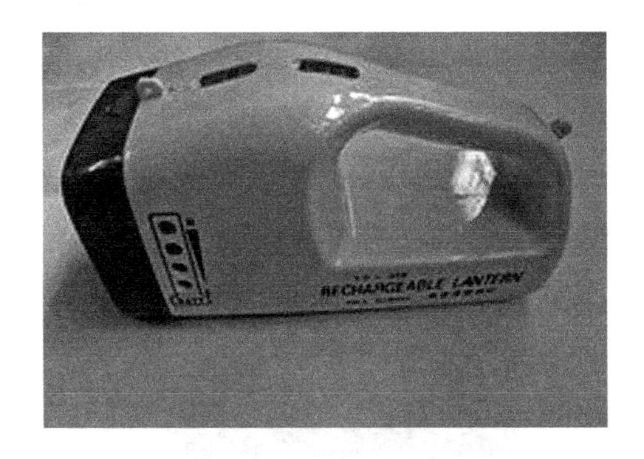

图 6.1-26 便携式钢化玻璃检测器

打火机、废报纸、口取纸、粉笔、水及其他辅助工具（钢直尺、人字梯、伸缩响鼓锤、盛水设施（水盆或瓢）、记录单、笔、相关的委托合同、相关证件等）根据现场验房情况及时配备。

6.2 查验方法

房屋实地查验的方法有很多，每种方法也都有优势和弊端。合理地采用房屋查验方法是验房过程中事关房屋查验结构客观与否的必然要求。

验房方法及所需工具一览表　　表 6.2

序号	名称	内容描述	相应工具
1	目测法	验房师通过观测，可以判断房屋各部位表面的质量情况。目测法主要衡量房屋的外观观感质量，如色彩、褶皱、凹凸、断裂、波纹、漏涂、透底、掉粉、起皮等	放大镜、照相机、手电筒等
2	触摸法	验房师通过触摸，可以具体感知房屋细部处理的好坏程度。触摸法主要衡量房屋涂料涂饰、设备构件的铺设与安装情况，如表面是否平滑、接缝是否密封、边框是否打磨圆滑等	手套、平面板、伸缩杆等
3	测量法	验房师通过测量，获取房屋的基本数据。测量法主要用测量工具和计量仪表等检测断面尺寸、轴线、标高、湿度、温度等偏差。另外，还可以以方尺套方，辅以塞尺检查，如对阴阳角方正、踢脚线垂直度、预制构件方正等项目检查	卷尺、垂直检测尺、多功能内外直角检测尺、多功能垂直校正器、对角检测尺等
4	照射法	验房师通过照射，评价难以看到或光线较暗部位的建造质量。照射法主要通过镜子反射、灯光照射等方法对某些需要查看是否平整的部位进行检查。如墙面、地面涂层的平整等	反光镜、大灯与小灯等
5	敲击法	验房师通过敲击法，检查隐藏工程的工程质量。敲击法主要通过利用特殊的敲击工具，考察隐蔽部位是否存在空鼓、起皱、用料不均等情况。例如隔墙中是否存在空鼓现象，夹层面板是否有密实的填充物等。精装房注意成品保护	手锤、小锤、活动响鼓锤（25g）、钢针小锤（10g）等
6	吊线法	验房师通过吊线法，检查房屋墙壁、拐角有无歪斜。吊线法主要通过线锤等工具检验房屋各类竖墙、排架的垂直情况	托线板、吊线锤、直角尺、红外线标线仪等
7	试电法	验房师通过试电法，对房屋各种电器设备进行简单测试。试电法主要通过实际实验的方法对各种设备进行有效性和安全性检测。包括总电表、开关、插座、警报系统、漏电开关、电线、电闸、视频对讲机、自动防火报警器、电视、电话、网络等	带两头和三头插头的插排（即带指示灯的插座）、各种插头、电话、电视、宽带、万用表、摇表、多用螺丝刀（“－”字和“＋”字）、5 号电池 2 节、测电笔等
8	试水法	验房师通过试水法，对房屋各种供水排水设备进行简单测试。试水法主要通过实际实验的方法对各种设备进行有效性和安全性检测。包括盥洗设备、洗浴设备、卫生设备、水管及管道、防水工程、各类五金配件、卫生间闭水实验、地漏与散水等	洗脸盆、毛巾、水表、摭子沙袋或水袋等方便袋

7 查验范围及查验原则

7.1 可以查验的五大原则

房屋性状，又称房屋状况或房屋情况，是指在房屋查验时点上，房屋的质量及功能状况。而房屋性状查验，就是对房屋当前的状况进行检查，看那些部分或设备已经损坏，降低了质量水平，全部或部分丧失了原设计功能。因此，在房屋性状查验过程中，验房师首先要明确原有住房的设计标准，质量达到的水平和各房屋组件功能设置情况。然后，对照标准和现实情况进行比较，确认房屋的当前状况，对需要维修或维护的房屋构建提出相应建议。

验房的主要工作，就是房屋查验过程中查什么、怎么查以及如何评定房屋性状的过程。在发达国家，由于有行业协会的指导，因此对于房屋查验的内容是有明确界定的；对于查验的方式、标准和评价准则也有固定的要求和规范。但是，在我国，由于验房业务还处于起步阶段，许多民间的验房行为主要取决于顾客需求，因此对于房屋查验的内容并不统一，有的是对房屋从里到外的仔细检查，有的只是对看得见的部位进行查验，还有的查验内容包括了某些隐蔽工程。

验房手段是一种有限房屋查验措施，即通过视觉上的观察和一般性的操作，并借助于一些仪器设备，对房屋各主要系统及其构件（主要指可接近可操作的部分）的当前状况进行评估。也就是说，验房师主要凭借经验和所受的专业训练，并借助于一些仪器设备，通过表面现象来判断其本质，这就决定了其局限性。

验房师不是万能的，并非房屋所有的土建问题、安装问题、装饰装修问题验房师都能过发现并提供解决方案。由于建筑物是最终产品，许多建筑过程中存在的安全和质量隐患是掩藏在建筑外表之内的。所以，验房师验房的内容绝对不是房屋所有的建筑构配件及设备，而只是在验房师专业知识、技术工具和可达范围之内的对房屋性状及质量进行检测与判断。房屋查验要遵循以下五大原则。

（1）可视性。即房屋查验的主要部位都是视力能够达到的范围或暴露在整个框架结构之外的房屋组成部分。

（2）可达性。即验房师自己或借助其他简单工具（如梯子、板凳等）后身体能够触及的房屋组成部分。

（3）可辨别性。即在验房师查验的内容中，主要包括哪些可以辨别优劣、好坏及性能高低的房屋组成部位，而对于空气质量等无法在短时间做出评定或随时会发生变化的情况则不属于查验的范围。另外，需要耗费太长时间进行查验的房屋部位往往也不在查验的范围之中。

(4) 可维护性。即验房师查验的房屋组成部分，一般都是如果存在问题经过维护可以恢复原状或达到原有使用功能的。对于那些无法达到上述条件的，则不在查验范围之列。

(5) 安全性。即房屋查验要保证验房师及客户的人身安全，对于那些危险部位及容易发生危险事故的房屋组成部分，则不应囊括在查验范围之中。

7.2 不予查验的四大部位

不同的房屋查验内容对应着不同的质量规范、评价标准和整体判断，房屋查验内容过粗，不容易发现问题，解决客户的真正需要；房屋查验内容过细，许多内容又超出了验房本身的业务范围。如下 4 种情况，一般就不能作为房屋查验的部位。

(1) 隐蔽的部位。即那些表面良好，没有任何外表痕迹但内部出现问题的房屋部位，例如墙中间的柱，由于被墙体包裹，就不容易进行查验。因为验房师不能可以看到墙内的情况，目前也没有成熟的技术手段可以在不破坏墙体的前提下做到这一点。在现实操作中，验房师在房屋查验过程中，既不可能把墙体、吊顶、地面打开来看，也不可能把所有的家具、杂物都移开来看。所以，对于隐蔽的房屋部位，是无法进行查验的。

(2) 周期性、阶段性发生问题的部位。还有一些房屋部位，它们可能只在某些时候出现问题，比如说屋顶漏雨，对于晴天来说，就发现不了，因此这些由于客观条件所致的阶段性、周期性问题，也不在验房师的查验范围之内。又例如，根据国外经验，对于一般房屋，可以被各方所接受的验房时间约 2.5 ~ 3 个小时。如果验房师在一个房间内停留更长时间，当然会发现更多的问题，那么整个验房可能需要许多天。同样，如果验房师把室内所有的家具杂物、衣橱内所有的衣物、墙上所有的悬挂物、地面所有的地毯都移开来看，当然会发现更多的问题，那么这个移开和放回的过程可能就需要一天，大大超出了验房的时间要求。所以，我们特别强调验房一定是验房师在验房时段中对房屋性状所作的判断，这个验房时段就是房屋查验的即时时刻。

(3) 对顾客出于某种目的而设置问题的部位。有些顾客，可能出于索赔、讨要维修费等目的认为地将一些房屋部位或构件进行设置，导致了其房屋查验时点出现问题，这是不正确的。因此，对于那些明显故意造成的房屋损坏和功能受限，不在查验范围之内。

(4) 明显超出验房师查验能力水平的部位。一般来说，验房师都是通才，而并非专才，也就是他能够凭借专业技术和经验，短时间内对房屋性状做出判断，但某些深层次或具体专业的问题，验房师并不能提供更好的、更专业的建议。而且，从严格意义上来讲，要对房屋做出准确、权威的鉴定，应该分别请建筑师、土木工程师、给排水专家、电气专家、暖通与空调专家、屋面专家等对各自的专业做出鉴定。这不但要花费许多金钱和时间，在现实生活中也不可行，一般也没有必要。因此，验房师对超出其能力范围的问题查验，是不予接受的。

因此，我们通过广泛借鉴与综合归纳，确定了我国验房师房屋查验的主要部位及业务范围，这些内容为顾客与验房师就房屋实地查验的范围与标准进行确认，旨在为验房工作确定一种最低的、统一的验房范围与标准。依据此内容及标准，验房师的验房工作将被置于一个明确、可控制的作业范围之内。验房师必须无遗漏地对所列内容进行查验，而不应当对此内容之外的内容（即便是顾客要求）进行查验。而且，依据此内容及标准，顾客的需求也被置于一个明确、可控制的范围之内。顾客可以据此检查验房师的验房作业；在明确查验内容的基础上，顾客不应当提出本规定之外的验房要求，对验房的标准也不应超越本规范。

8 验什么——验点

按照房屋装修程度不同可分为：毛坯房查验基本项目和精装修房查验基本验点。

8.1 毛坯房查验验点

毛坯房查验验点一览表　　表 8.1

序号	验房项目		查验内容
1	入户门	门框扇	* 门表面洁净度，刨痕、捶印，防护措施，锁具、合页、开关、配件是否安装可靠 * 门框、扇安装是否可靠，扇与框的结合情况，密封性能，门品种、类型、规格、尺寸、开启方向（正常情况应向外开）、安装位置是否合理等项
2	室内地面工程	共性	* 空鼓、裂缝、表面平整度、下沉现象、水平情况、管线外露、钢筋外露
3	室内墙面 顶棚工程	共性	* 空鼓，裂缝、表面平整度、垂直度、下沉、阴阳角 * 墙顶棚披刮腻子、顶棚平整度、水平度等
4	梁面柱面工程	共性	* 水平度、垂直度、平整度、倾斜、空鼓、裂缝、钢筋外露、蜂孔、下沉等项
5	厨房和卫生间	共性	* 空鼓、裂缝、地面泛水坡度、积水、渗漏、防水涂膜、防水高度、环保等项
6	室内门窗工程	室内门窗	* 框扇安装、固定情况，配件、防脱落、防撞措施、开启情况、纱窗、溢水口 * 材质表面状况，密封胶表面状况、密封性能、缝隙处理、滴水线等项
7	阳台	共性	* 外阳台、泛水坡度、空鼓、裂缝、墙面砖镶贴、渗漏等项
		护栏	* 护栏垂直间距、安全距离、护栏高度、护栏安装、固定等项
8	使用面积 净高测量	净面积 净高	* 室内使用面积（净面积），卧室、起居室（厅）的室内净高、局部净高 * 厨房、卫生间内排水横管下表面与楼面、地面净距等项
9	强弱电工程	安全	* 接地方式、总等电位联接、各空气开关贴标、电气线路敷设、导线材质、线径等
		配电箱	* 配线、导线连接、保护接地线、漏电保护器、空气开关等项
		开关插座	* 连接、安装，专线、专路、接地线配置等项
		照明线路	* 回路控制、标识、电源畅通等

续表

序号	验房项目		查验内容
9	强弱电工程	等电位联结	* 等电位联结干线、局部等电位箱间连接等
		弱电系统	* 电视信息管线配备、网络电话、综合布线、安防、门禁系统等项
10	建筑给排水工程	共性	* 管道固定、管件接口、渗水、防锈处理
		给水	* 给水配件、热水管保温
		中水	* 中水管道与设备、池（箱）、水表、阀门的安装及标识等项
		温泉	* 管道铺设、保温处理、单向阀
		纯净水	* 管道铺设、管件材质、给水配件
		排水	* 阻火圈、下水、泛水坡度、存水弯，水封深度，管道与墙面、地面交接处理措施
11	供暖工程	暖气	* 管道、渗漏、散热器、管道、阀门、支架及设备、防腐、涂漆
		地热	* 管道、管间距、渗漏、调节阀门
12	燃气	燃气	* 燃气报警器、构件、安装、管道布设、燃气表、安全阀门
13	空调排气装置	空调	* 空调孔、空调外机位、排水管等
		排气	* 排烟、排气管道、配件、畅通、管道口设置等项
14	其他部分查验	采光	* 窗地面积比是否不小于1/7，成套住宅是否有一个主空间能获得冬季日照，卧室起居室和厨房是否设置外窗
		通风	* 通风管道是否有效、住宅能否自然通风
		隔声	* 在构造上是否采取了隔声措施
		节能	* 是否采用了高性能材料来提高住宅节能保温，住宅公共部位的照明、电梯、水泵、风机等是否采取节电措施
备注： 根据地区、房屋户型、装修程度、房屋类别、验点不同，验房师实际查验项目将有所增删或调整			

1. 入户门

入户门就是进入房屋的第一道门，也叫进户门。入户门是进入房屋的第一个关口，当然其防盗性能要更高。入户门一般分为防盗门或防火门，大多数住宅竣工时都安装好进户门。

入户门查验内容主要包括：门框扇表面，刨痕、捶印，防护措施，锁具、合页、开关、配件安装；门框、扇安装，扇与框的结合情况，密封性能，门品种、类型、规格、尺寸、开启方向（正常情况应向外开）、安装位置、与合同约定是否相符等项。

2. 室内地面工程

地面主要指房屋内部的地面和楼面，地面是指建筑物底层的地坪，主要作用是承受人、家具等荷载，并把这些荷载均匀地传给地基。常见的地面由面层、垫层和基层构成。对有特殊要求的地坪，通常在面层与垫层之间增设一些附加层。

室内地面查验内容主要包括：空鼓、裂缝、管线外漏、钢筋外露情况，以及表面平整度、下沉现象、水平情况等。

3. 室内墙面、顶棚工程

墙面主要指室内墙体的维护与装修。现代室内时尚墙面内墙面运用色彩、质感的变化来美化室内环境、调节照度，选择各种具有易清洁和良好物理性能的材料，以满足多方面的使用功能。

墙体应满足下列基本要求：(1) 具有足够的强度和稳定性。(2) 满足热工方面（保温、隔热、防止产生凝结水）的性能。(3) 具有一定的隔声性能。(4) 具有一定的防火性能。

顶棚在室内是占有人们较大视域的一个空间界面。其装饰处理对于整个室内装饰效果有较大影响，同时对改善室内物理环境也有显著作用。通常的做法包括喷浆、抹灰、涂料和吊顶等。具体采用要根据房屋功能要求外观形式和饰面材料确定。

墙面、顶棚工程查验内容主要包括：空鼓、裂缝、表面平整度、垂直度、阴阳角、墙顶棚披刮腻子、顶顶棚平整度、水平度等。

4. 梁面柱面工程

梁是跨过空间的横向构件，主要起结构水平承重作用，承担其上的楼板传来的荷载，再传到支撑它的柱或承重墙上。圈梁主要是为了提高建筑物整体结构的稳定性，环绕整个建筑物墙体所设置的梁。柱是建筑物中直立的起支持作用的构件。它承担、传递梁和楼板两种构件传来的荷载。

梁面柱面查验内容主要包括：水平度、垂直度、平整度、倾斜、空鼓、裂缝、钢筋外露、蜂孔、下沉等。

5. 厨房和卫生间

厨房指的是可在内准备食物并进行烹饪的房间，一个现代化的厨房通常有的设备。卫生间供居住者进行便溺、洗浴、盥洗等活动的空间。

厨房和卫生间查验内容主要包括：空鼓、裂缝、地面泛水坡度、积水、渗漏、防水涂膜、防水高度、环保等。

6. 室内门窗工程

门窗按其所处的位置不同分为围护构件或分隔构件，有不同的设计要求要分别具有保温、隔热、隔声、防水、防火等功能，新的要求节能，寒冷地区由门窗缝隙而损失的热量，占全部采暖耗热量的25%左右。门窗的密闭性的要求，是节能设计中的重要内容。门和窗是建筑物围护结构系统中重要的组成部分。作用之二：门和窗又是建筑造型的重要组成部分（虚实对比、韵律艺术效果，起着重要的作用），所以它们的形状、尺寸、比例、排列、色彩、造型等对建筑的整体造型都有很大的影响。

室内门窗查验内容主要包括：安装，固定情况，配件、防脱落、防撞措施、开启情况、纱窗、溢水口、材质表面状况，密封胶表面状况、密封性能、缝隙处理、滴水线等项；玻璃是否有气泡、砂眼、破损、划痕等现象，以及中空、钢化、磨砂、平板、吸热、反射、夹层、夹丝、压花玻璃等查验。

7. 阳台

阳台是建筑物室内的延伸，是居住者接受光照，吸收新鲜空气，进行户外锻炼、观赏、纳凉、晾晒衣物的场所，其设计需要兼顾实用与美观的原则。阳台一般有悬挑式、嵌入式、转角式三类。

阳台查验内容主要包括：空鼓、裂缝、地面泛水坡度、积水、渗漏、防水涂膜、防水高度、环保等。

8. 使用面积、净高测量

使用面积指住宅各层平面中直接供住户生活使用的净面积之和。计算住宅使用面积，可以比较直观地反映住宅的使用状况，但在住宅买卖中一般不采用使用面积来计算价格。

净高所属现代词，指的是楼面或地面至上部楼板底面之间的最小垂直距离。

房屋面积主要查验内容包括：(1) 室内使用面积（净面积）、卧室、起居室（厅）的室内净高、局部净高；(2) 厨房、卫生间内排水横管下表面与楼面、地面净距等。

9. 强弱电工程

强电这一概念是相对于弱电而言。强电与弱电是以电压分界的，工作电压在220V以上为强电。

弱电一般是指直流电路或音频、视频线路、网络线路、电话线路，直流电压一般在32V以内。家用电器中的电话、电脑、电视机的信号输入（有线电视线路）、音响设备（输出端线路）等用电器均为弱电电气设备。

强弱电查验内容为：(1) 安全：接地方式、总等电位联接、各空气开关贴标、电气线路敷设、导线材质、线径等；(2) 配电箱：配线、导线连接、保护接地线、漏电保护器、空气开关等；(3) 开关插座：连接、安装，专线、专路、接地线配置等；(4) 照明线路：回路控制、标识、电源畅通等；(5) 等电位联结：等电位联结干线、局部等电位箱间连接等；(6) 弱电系统：电视信息管线配备、网络电话、综合布线、安防、门禁系统等。

10. 建筑给排水工程

给水系统的作用是供应建筑物用水，满足建筑物对水量、水质、水压和水温的要求。给水系统按供水用途，可分为生活给水系统、生产给水系统、消防给水系统三种。建筑排水系统按其排放的性质，一般可分为生活污水、生产废水、雨水三类排水系统。

给排水工程主要查验内容包括：(1) 各管道固定、管件接口、渗水、防锈处理；(2) 给水：给水配件、热水管保温；(3) 中水：中水管道与设备、池（箱）、水表、阀门的安装及标识等；(4) 温泉：管道铺设、保温处理、单向阀；(5) 纯净水：管道铺设、管件材质、给水配件；(6) 排水：阻火圈、下水、泛水坡度、存水弯，水封深度，管道与墙面、地面交接处理措施。

11. 供暖工程

在冬季比较寒冷的地区，室外温度低于室内温度，而房间的围护结构不断地向室外散失热量，在风压作用下通过门窗缝隙渗入室内的冷空气也会消耗室内的热量，造成室

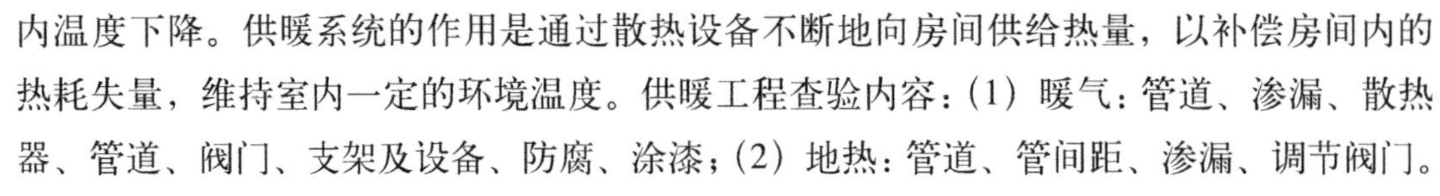

内温度下降。供暖系统的作用是通过散热设备不断地向房间供给热量，以补偿房间内的热耗失量，维持室内一定的环境温度。供暖工程查验内容：(1) 暖气：管道、渗漏、散热器、管道、阀门、支架及设备、防腐、涂漆；(2) 地热：管道、管间距、渗漏、调节阀门。

12. 燃气

燃气是一种气体燃料，根据其来源，可分为天然气、人工煤气和液化石油气。燃气具有较高的热能利用率，燃烧温度高，火力调节容易，使用方便，燃烧时没有灰渣，清洁卫生。但是，燃气易引起燃烧或爆炸，火灾危险性较大，人工煤气具有较强的毒性，容易引起中毒事故。因此，燃气管道及设备等的设计、敷设或安装，都应有严格的要求。燃气查验内容包括燃气报警器、构件、安装、管道布设、燃气表、安全阀门。

13. 空调排气装置

空调排气装置查验内容主要包括：空调孔、空调外机位、排水管及排烟、排气管道、配件、畅通、管道口设置等。

14. 其他（选择查验）

其他是除上述部位以外的房屋其他组成部位和设备，主要查验内容包括 (1) 采光：窗地面积比是否不小于 1/7，成套住宅是否有一个主空间能获得冬季日照，卧室起居室和厨房是否设置外窗；(2) 通风：通风管道是否有效、住宅能否自然通风；(3) 隔声：在构造上是否采取了隔声措施；(4) 节能：是否采用了高性能材料来提高住宅节能保温，住宅公共部位的照明、电梯、水泵、风机等是否采取节电措施。

8.2 精装修房屋查验验点

精装修房屋查验内容精装房查验验点一览表　　表 8.2

序号	验房项目		查验内容
1	入户门	门框扇	* 门表面现象、防护措施，锁具、合页、开关、配件安装情况 * 门框、扇安装，扇与框的结合情况，密封性能，门品种、类型、规格、尺寸、开启方向、安装位置等项
2	室内地面工程	大理石瓷砖	* 空鼓、水平度、平整度、色差、瑕疵、划伤、裂缝、缺棱掉角、镶贴缝隙大小、表面勾缝、成品保护等项
		木地板	* 表面情况、铺设、接缝处理、平整度、收口、缝隙处理等项
		踢脚线	* 踢脚线安装、接口、缝隙处理、平整度等项
3	室内墙面顶棚工程	涂饰工程	* 平整度、垂直度、水平度、阴阳角、腻子、涂饰、开裂、成品保护
		裱糊工程	* 接缝平整、顺直、阴阳角、收口处理、色差、污染、粘贴情况等项
		轻质隔墙	* 板材隔墙、玻璃隔墙、固定、平整度、垂直度、隔音、防潮等项
		软包工程	* 安装、面料、表面情况、边框处理等项
4	厨房	整体橱柜	* 柜体、柜门、台面、厨房套件、墙面挂件、水槽、灶台配件、管道、缝隙处理
		墙、地面镶贴	* 镶贴、空鼓、水平度、平整度、成品保护、勾缝、地面泛水坡度、积水、渗漏等

续表

序号	验房项目		查验内容
5	卫生间	洁具及配件	* 卫生器具的品牌、规格、成品保护、渗漏、配件安装、固定、胶封情况等项
		墙、地面镶贴	* 镶贴、空鼓、水平度、平整度、成品保护、勾缝、地面泛水坡度、积水、渗漏等
6	室内门窗工程	室内门窗	* 框扇安装、固定情况，配件、防脱落、防撞措施、开启情况、纱窗、溢水口 * 材质表面状况，密封胶表面状况、密封性能、缝隙处理、滴水线等项
		玻璃	* 表面查验：气泡、砂眼、破损、划痕等 * 中空、钢化、磨砂、平板、吸热、反射、夹层、夹丝、压花玻璃等查验
7	阳台	共性	* 外阳台、泛水坡度、空鼓、裂缝、墙面砖镶贴、渗漏等项
		护栏	* 护栏垂直间距、安全距离、护栏高度、护栏安装、固定等项
8	吊顶工程	共性	* 表面平整度、接缝情况、收口处理、固定情况、石膏线、灯槽安装等项
9	涂饰工程	涂饰工程	* 平整度、涂层表面、批刮腻子、裂缝、流坠、砂痕等项
10	门、橱柜集成家居设备	实木门	* 表面、框扇安装、垂直度、开启、门窗套、门合页、锁具、门吸、漆膜等项
		移门	* 门表面、轨道安装、固定、门扇开启、配件安装等项
		橱柜	* 橱柜安装固定、垂直度、水平度、成品保护，抽屉、柜门开关、五金配件等项
11	使用面积净高测量	净面积、净高	* 各功能房间使用面积（净面积） * 卧室、起居室（厅）的室内净高，厨房、卫生间的室内净高
12	建筑电气工程	安全	* 接地方式、总等电位联接、各空气开关贴标、电气线路敷设、导线材质、线径等
		配电箱	* 配线、导线连接、保护接地线、漏电保护器、空气开关等项
		开关插座	* 连接、安装，专线、专路、接地线配置等项
		照明线路	* 回路控制、标识、电源畅通等
		等电位联结	* 等电位联结干线、局部等电位箱间连接等
		灯具	* 灯具数量、安装情况、与顶棚接合处理、表面防护措施等项
13	建筑弱电工程	弱电系统	* 电视信息管线配备、网络电话、综合布线、安防、门禁系统等项
14	给排水工程	共性	* 管道固定、管件接口、渗水、防锈处理
		给水	* 给水配件、热水管保温
		中水	* 中水管道与设备、池（箱）、水表、阀门的安装及标识等项
		温泉	* 管道铺设保温处理、单向阀、温泉水温、单向阀
		纯净水	* 管道铺设、管件材质、给水配件
		排水	* 阻火圈、下水、泛水坡度、存水弯，水封深度，管道与墙面、地面交接处理措施
15	供暖工程	暖气	* 管道、渗漏、散热器、管道、阀门、支架及设备、防腐、涂漆
		地热	* 管道、管间距、渗漏、调节阀门
16	燃气	燃气	* 燃气报警器、构件、安装、管道布设、燃气表、安全阀门、安装位置等项

续表

序号	验房项目		查验内容
17	空调排气装置	空调	* 空调制冷、供热情况、管件配备
		排气	* 排烟、排气管道、配件、畅通、管道口设置、止水阀等项
18	其他（选择查验）	采光	* 窗地面积比是否不小于 1/7，成套住宅是否有一个主空间能获得冬季日照，卧室起居室和厨房是否设置外窗
		通风	* 通风管道是否有效、住宅能否自然通风
		隔声	* 在构造上是否采取了隔声措施
		节能	* 是否采用了高性能材料来提高住宅节能保温，住宅公共部位的照明、电梯、水泵、风机等是否采取节电措施

除上节所述入户门、室内门窗功能、强弱电工程、给排水工程、采暖工、燃气、空调排气装置、使用面积、净高测量、噪声污染及其他查验点，还需查验内容有以下几项：

1. 室内地面工程

室内地面工程主要查验内容包括（1）大理石、瓷砖：空鼓、水平度、平整度、色差、瑕疵、划伤、裂缝、缺棱掉角、镶贴缝隙大小、表面勾缝、成品保护等；(2) 木地板：表面情况、铺设、接缝处理、平整度、收口、缝隙处理等；(3) 踢脚线：踢脚线安装、接口、缝隙处理、平整度等。

2. 室内墙面、顶棚工程

室内墙面、顶棚工程主要查验内容包括（1）涂饰工程：平整度、垂直度、水平度、阴阳角、腻子、涂饰、下沉、开裂、成品保护；(2) 裱糊工程：接缝平整、顺直、阴阳角、收口处理、色差、污染、粘贴情况等；(3) 轻质隔墙：板材隔墙、玻璃隔墙、固定、平整度、垂直度、隔声、防潮等；(4) 软包工程：安装、面料、表面情况、边框处理等。

3. 厨房

厨房主要查验内容包括（1）整体橱柜：柜体、柜门、台面、厨房套件、墙面挂件、水槽、灶台配件、管道、缝隙处理；(2) 墙、地面镶贴：镶贴、空鼓、水平度、平整度、成品保护、勾缝、地面泛水坡度、积水、渗漏（先询问是否做过防水）等。

4. 卫生间

卫生间主要查验内容包括（1）洁具及配件：卫生器具的品牌、规格、成品保护、渗漏、配件安装、固定、胶封情况等；(2) 墙、地面镶贴：镶贴、空鼓、水平度、平整度、成品保护、勾缝、地面泛水坡度、积水、渗漏等。

5. 建筑电气工程

建筑电气工程查验内容包括灯具中数量、安装情况、与顶棚接合处理、表面防护措施等。高度是否规范，卫生间、非封闭阳台是否采用 1954 电源插座。

6. 吊顶工程

吊顶工程主要查验内容包括：表面平整度、接缝情况、收口处理、固定情况、石膏线、灯槽安装等。

7. 涂饰工程

涂饰工程主要查验内容包括：平整度、涂层表面、批刮腻子、裂缝、流坠、砂痕等。

8. 门、橱柜集成家居设备

门、橱柜集成家居设备主要查验内容包括（1）实木门：表面、框扇安装、垂直度、开启、门窗套、门合页、锁具、门吸、漆膜等；（2）移门：门表面、轨道安装、固定、门扇开启、配件安装等；（3）橱柜：橱柜安装固定、垂直度、水平度、成品保护，抽屉、柜门开关、五金配件等。

8.3　二手房查验验点

1. 房屋结构

（1）检查房屋有无裂缝。主要是看大的裂缝，不是结构问题造成的细小裂缝可以忽略，注意区分。

①查看房屋主卧及客厅靠近露台的地面和顶上有无裂缝。与房间横梁平行的裂缝，修补后不会妨碍使用。若裂缝与墙角呈 45°斜角或与横梁垂直，说明该房屋沉降严重，存在结构性质量问题。

②露台处的两侧墙面是否有裂缝，若有亦属严重质量问题。房屋的结构问题常出现在阳台，发现房间与阳台的连接处有裂缝，也是属于比较严重的质量问题。

③承重墙是否有裂缝，若裂缝贯穿整个墙面且穿到背后，存在危险隐患。

④墙身、墙角接位、顶棚有无裂痕。

（2）检查空鼓。

如何区分空鼓：用手做敲门状或用木棍，轻敲，如果听到有空响声说明有空鼓，反之说明墙面情况良好。

①地面空鼓检查：轻敲所有的地面，特别是脚线一圈。

②轻体、屋顶空鼓检查：迎光检查墙体、屋顶是否有隆起或凹陷的地方。

（3）沉降观测。

①在房顶上用细绳拴上一重物，贴墙放下至墙脚，从四周检查其倾斜程度。

②目测大致地平。

③检查墙体平整度。墙身、顶棚楼板有无倾斜，是否弯曲、起浪。

（4）测量层高。

建筑层高为 2.8m，实际高度不低于 2.6m，层高 3m 的实际高度不能低于 2.75m，住宅层高不能低于 2.8m。

2. 渗漏、排水与防水

（1）检查房屋有无渗漏，本项为验收最为重要的一块，一旦房屋有渗漏，装修完后将后患无穷，所以需仔细检查，尤其是外墙渗漏，若墙面出现变色、起泡、脱皮、掉灰的现象则一定存在渗水的状况。

①检查房屋的地面和顶层渗水情况。

②墙身、墙角接位、顶棚有无水渍。

③察看厨房、卫生间（顶面、外墙），阳台的顶部和管道接口是否渗漏。留意厕所顶棚有无油漆脱落或长霉菌。

④看窗台下面有无水渍，如有则可能是窗户漏水。

（2）排水

①验收下水情况，看是否通畅。分别是台盆、坐便器、浴缸，和卫生间、厨房、阳台地漏等（应听到咕噜噜的声音和表面无积水）。合格的地面不应有积水存在，因地漏是最低处，但毛坯房地漏周围留出了一定的后期铺装地面的高度。尽可能让水流大、急，看水压大小，试排水速度。

②厕、浴用具有无裂痕，冲厕水箱有无漏水，浴缸、浴盆与墙或柜的接口处防水是否妥当，水池龙头是否妥当

（3）防水

在厕、卫放水（约高 2cm），24 小时以后查看下家厕卫的天花板。

3. 室内细部

（1）管道

①各种管道表面镀层是否完好无破损。

②弯头、阀门处用手摸摸是否潮湿（渗漏）、生锈。

③排污管是否有蓄水防臭弯头以及防臭地漏。

（2）防盗门

①检查防盗门是否符合合同约定，具备防盗功能。

②检查门的四边是否紧贴门框，间隙是否太大，有无磕碰。

③试门是否运作自如、开关时有无特别声音。

（3）窗

①检查纱窗是否都装到位了，隐形纱窗需逐一拉开检查。

②目测窗四边是否平行且紧贴窗框；框墙接缝处是否密实无缝隙。

③看窗户玻璃是否完好。

④试窗是否开关或推拉灵活自如。开关窗户是否太紧。

⑤看关窗后窗体是否变形，密封胶条是否完好。

4. 生活设施

（1）供电

①拉闸断电。检查电闸及电表其是否能控制室内的灯具及室内各插座，方法是拉闸后户内是否完全断电，户内有分闸的，也同样分别检查。

②保险插座。距离地面 30cm 高的插座都必须选用带保险挡片的安全插座。

③卫生间内的电源插座应是防潮插座并有防溅措施，卫生间的照明灯座必须是磁口安全灯座，洗手盆的上方不应有插座。

④检查开关、插座的牢固程度。

⑤检查强电、弱电的水平间距是否超过 500mm，距离达不到要求，日后会影响电视的收看效果。

⑥检查燃气是否畅通。

（2）电信与线路

①打开电话、电视的线路接口，用力拉一拉，看是否虚设。

②电话线、闭路电视线、宽带是否畅通到位。

③监控系统、可视对讲系统、家庭安全防范报警系统是否正常可用。

5. 资料

（1）房屋的《住宅质量保证书》（盖章原件可带走）。

（2）《住宅使用说明书》（盖章原件可带走）。

（3）《竣工验收备案表》（盖章原件）。

（4）面积实测表 / 测绘单位实测面积明细（可为复印件但要有章）。

（5）管线分布竣工图（水、强电、弱电、结构）/ 工程竣工图纸或设计单位施工图（可带走）。

（6）《建筑工程质量认定书》。

（7）《房地产开发建设项目竣工综合验收合格证》。

（8）注意签字时需注明“楼房状况未明”，入住后若有纠纷可留有余地。

6. 其他方面

（1）核对买卖合同上注明的设施、设备等是否有遗漏，品牌、数量是否相符。

（2）抄电表、水表、燃气表数值。

（3）有无专用邮政报箱。

（4）查问客厅、南、北卧室的空调机位和孔洞，若不合适是否可以重新开洞。

（5）查问阳台是否可以封闭，有露台的询问是否可以搭建阳光房。

9 怎么验——作业标准

9.1 验房顺序

验房人员在验房时应按照一定的顺序，这样一来条理分明，脉络清晰，便于记录；二来利于查验，不致有缺项漏项，有利于验房业务顺利进行，也可按验房报告模板来验房。

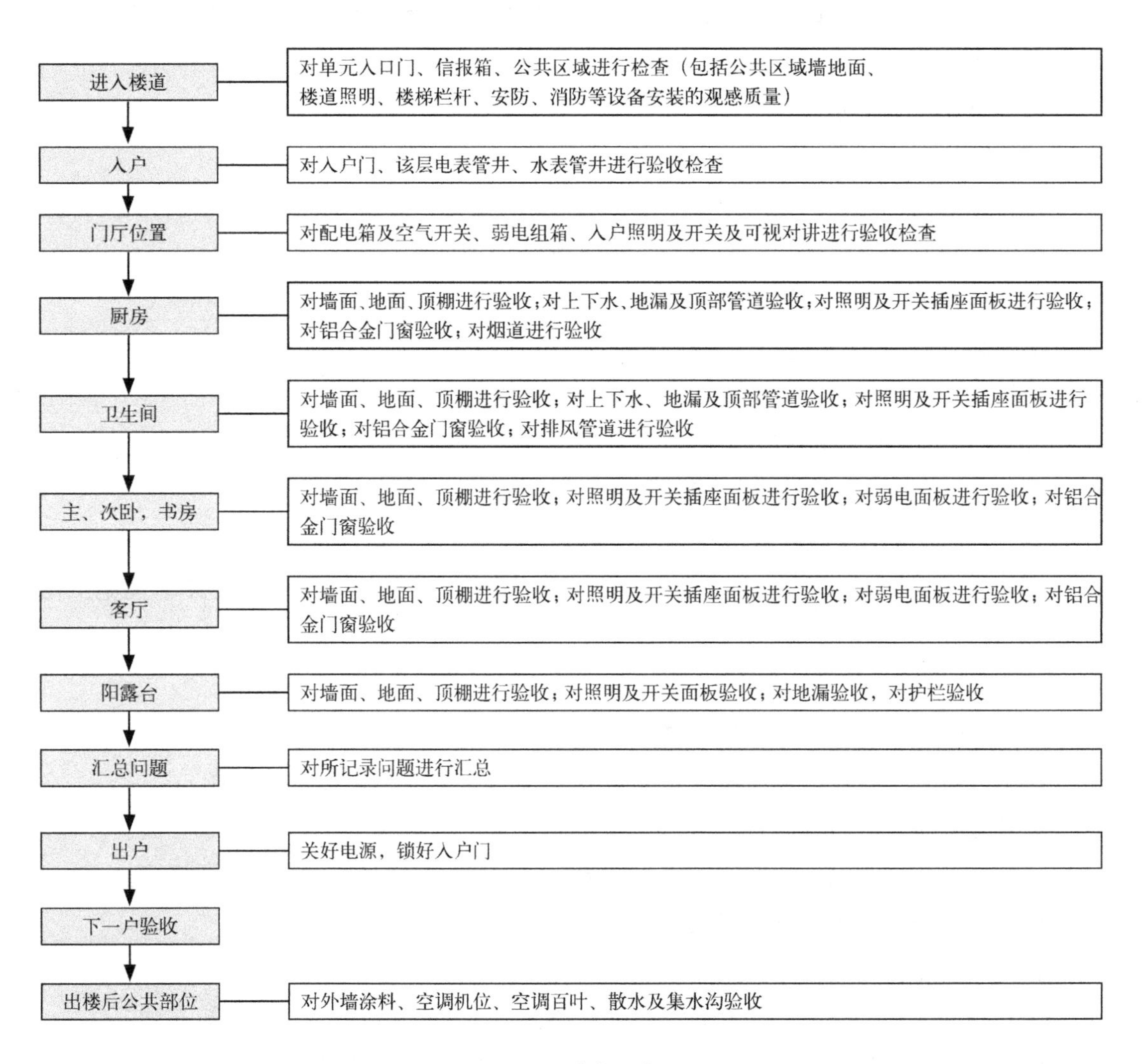

图 9.1 验房顺序

9.2 楼宇公共配套设施

楼宇公共配套设施验收包括：小区标识、小区绿化、化粪池、管道井、水电暖气、室外排水系统、单（摩托）车棚、泳池二次供水箱等验收。

房屋查验内容之一：楼宇公共配套设施 表 9.2

类别	项目	名称	内容及评价标准	检查方法
楼宇公共配套设施	小区标识	楼宇门牌	楼宇门牌是否安装牢固，标示清楚	观察检查；逐一试运行检查；尺量检查；蓄水试验；激光测距仪；激光水平仪；水平尺检查；排水管口等试水观察；排水管必须做灌水试验和通球试验；给水管必须做水压试验；蓄水池及泳池必须做满水试验。全数检查
		楼栋号牌	楼宇门牌是否安装牢固，标示清楚	
		小区内各功能区标识	警示标识、指引标识、设备标识、功能房标识、车场标识、会所功能标识、园林标识是否安装牢固、标示清楚	
	小区绿化	景观设计	是否符合设计要求，达到景观效果不缺株少苗，无死株，树木草坪无枯黄	
		水管	绿化水管布局是否合理，阀门开关是否灵活，安装稳固	
		公园椅	公园椅安装是否牢固，是否无脱漆、无锈蚀，无破损、无污迹，颜色是否均匀一致	
	化粪池、结合井	化粪池、结合井	化粪池、结合井排水是否通畅，池壁无裂缝，池内无施工杂物	
	水电暖气等检查	水电暖气	水、电、暖、气等检查井内设施安装是否牢固、无漏点，井内无积水、无杂物	
	室外排水系统	室外管道	室外管道是否按设计施工，管道系统作闭水试验和冲水试验，系统无外泄，排水通畅	
		窨井	室外管道是否按设计施工，窨井布置是否合理，出水口四周封闭紧密，粉刷是否符合要求；各窨井盖是否完整无缺，无翘裂、断裂、变形、易于开启	
	单（摩托）车棚	存放点	在小区适当位置，合理设置单（摩托）车存放点，分布点，其大小应与小区的实际情况是否吻合，存放点是否设置合理的照明，存放点应设置固定支持物，与小区的风格是否相匹配，自行车、摩托车棚是否安装牢固、标识清楚	
		垃圾箱	室外垃圾箱（桶）安装时应考虑风吹影响及清洗方便；住宅标准层应设置垃圾桶的摆放位置，摆放位置的地面及墙壁应贴瓷片；应配置水源及排水设施，以方便清洁；电梯厅应配置与环境和功能相配套的果皮箱；地下车库应合理设置果皮箱及清洁水源，水源处需设置排水，考虑防水；天面应合理设置清洁水源，水源处需设置排水	
		垃圾中转站	应设置垃圾中转站，且中转站应配置清洗水源及排水功能排水设施，大小与小区实际情况相匹配，同时异味不漏住户	
	泳池	泳池	泳池的循环管道上的各阀门应装活接，便于维修更换阀门；泳池应有补水阀门，且排水系统应能排于泳池的水；泳池周边应设置救生圈，照明应足够；泳池吸尘口应深入水面不超过 30cm，且应根据泳池的大小合理设置吸尘口得数量；泳池周边的配置设施是否完好无损	

9.3 楼宇配套设备及机房

楼宇配套设备及机房验收主要包括：供配电系统、避雷系统、电梯系统、生活给水系统、安全消防系统、供暖系统、排污系统、管道阀门等验收。

房屋查验内容之二：楼宇配套设备及机房 表 9.3

类别	项目	名称	内容及评价标准	检查方法
楼宇配套设备及机房	供配电系统	照明、动力	开关、插座、照明是否安装齐全有效，外观整洁是否平整；配电箱、电表安装是否齐全有效；各楼宇配电箱、柜安装是否齐全有效，系统图齐全；高低压配电室、供电互投是否灵活有效；公共区域内照明、声控照明、小区内路灯、草坪灯、车库照明是否整齐完备、线路配电箱接地是否良好；设备配电柜安装是否齐全有效，控制灵活	观察检查；逐一试运行检查；水压表、摇表、万用表等仪器检查。全数检查
		电动机	电机性能应符合电机周围工作环境的要求，电机转子应灵活，不得有磁卡声，润滑脂的情况正常，无变色，变质及变硬现象；其性能应符合电机的工作条件，电机的引出线鼻子焊接或压接良好，编号齐全；电机转动方向要符合要求，无杂声；电机转动时各部温度不应超过产品技术资料的规定。是否有制造厂提供的产品说明书、检查及试验记录、合格证件及安装使用图纸等技术文件。调试验收记录报告	
		配电柜、盘	盘、柜的固定及接地应可靠，盘、柜漆层应完好、清洁、整齐；盘、柜内所装电器元件应齐全完好，安装位置正确，固定牢固；所有二次回路接线准确、连接可靠，标志齐全清晰，绝缘符合要求；手车或抽屉式开关柜在推入或来出时应灵活，机械闭锁可靠，照明装置齐全；柜内一次设备的安装质量验收要求符合国家现行有关标准规范的规定；盘、柜及电缆管道安装完后，应作好封堵；操作及联动试验正确，符合设计要求。是否有工程竣工图，制造厂提供的产品说明书，测试方法，试验记录，合格证件及安装图纸等技术文件，安装技术记录，调试试验记录	
		电缆	电缆规格应符合规定，排列整齐，无机械损坏；标志牌应装设齐全，正确，清晰；电缆的固定，变曲半径，有关距离和单芯电力电缆的金属护层的接线、相序排列等应符合要求；电缆终端、电缆接头应按牢固；接地应良好；相色应正确；电缆支架等的金属部件防腐层应完好；电缆沟内应无杂物，盖板齐全；直埋电缆路径标志物与实际路径标志相符。路径标志应清晰、牢固、间路适当；设计资料图纸、竣工图。是否有制造厂提供的产品说明书，试验记录、合格证件、安装图纸等技术文件，电气试验清单	
	避雷系统	屋面避雷	无开焊、无倒伏，接地安全、有效，阻止测试在容许范围内	
	电梯系统	电梯	拽引机承重梁安装必须符合设计要求和施工规范规定；限速器绳轮、钢带轮、导向轮必须牢固，转动灵活；钢丝绳应擦拭干净，严禁有死弯，松股及断丝现象；制动器的调整应闸瓦与动轮接触严密，松闸时与制动轮应无摩擦；导轨的安装应牢固、位置正确、横竖端正；轿厢的组装应牢固，轿壁结合处平整；导靴要保证电梯正常运行；轿厢地坎与各层门地坎的偏差严禁超过；层门指示灯盒及召唤安装应平整、牢固、不变形，不突出装饰面；厅门，轿门应平整，启闭时无摆动、撞击和阻滞现象。关闭时上下门缝一致；电梯的电源应专用，机房照明、井道照明，轿箱照明应与电源分开；电气设备外露导电部分应可靠接地或接零；电梯的随行电缆必须固定牢固，排列整齐，无扭曲；电气接线应正确，连接可靠，标志清晰；各种安全保护开关必须固定可靠且不能采用焊接；急停、检修转换等按钮和开关的动作必须灵活可靠；极限、限位、缓速装置的安装位置正确，功能必须可靠；轿厢自动门的安装触板必须灵活可靠；井道内的所有设备设施不能有碰撞和摩擦；安全钳工作必须正常可靠，动作后正常恢复；电梯启动、运行和停止，轿厢内无较大的震动和冲击，制动可靠；运行控制功能达到设计要求；超载试验必须达到电梯能安全启动、运行和停止，拽引机工作正常。是否有电梯类别、型号、驱动控制方法、技术参数和安装地点；制造厂提供的随机文件和图纸；电梯检查及电梯运行参数记录	

续表

类别	项目	名称	内容及评价标准	检查方法
楼宇配套设备及机房	生活给水系统	变频调速供水水泵	水泵、电机安装平稳、运转正常、无杂音；水泵轴承温度不超过75℃，且不高于环境温度35℃；水泵轴头无滴漏；水泵出水口压力表指示应在正常范围内；电机接地可靠；设备标识齐全、清楚	观察检查；逐一试运行检查；水压表、摇表、万用表等仪器检查。全数检查
		水泵控制系统	电控设备运行良好，各部件动作可靠；各仪表指示正常；接地电阻阻值符合要求；控制柜绝缘符合要求；设备标识及系统图齐全、清楚	
		泵房	照明设备良好；地面有一定坡度，地漏排水流畅；设备房通风良好；接地电阻阻值符合要求；控制柜绝缘符合要求；设备标识及系统图齐全、清楚	
	安全、消防系统	标识	消防标识、标志齐全，应急灯配备齐全、有效	
		烟感、喷淋	烟感、喷淋、监控探头、防火门、消防栓安装齐全有效，符合设计要求	
		消防水池	水位在规定范围之内，水位控制系统动作准确；设备标识齐全、清楚；无跑冒滴漏现象	
		消火栓箱	消防箱标识清楚，玻璃完好；齐全无渗漏、消防栓内喷枪、水龙带齐全	
		消防报警系统	设备安装齐全、灵敏有效、无误报、漏报	
		消防广播	设备安装齐全（包括：扬声器、麦克风、功放、录音机等）、完好	
		消防泵	水泵、电机安装平稳、运转正常、无杂音；水泵轴承温度不超过75℃，且不高于环境温度35℃；水泵轴头无滴漏；水泵出水口压力表指示应在正常范围内，压力符合消防供水要求；电机接地可靠	
		消防稳压罐	设备标识齐全、清楚	
		自动喷洒泵	自动信号设备动作可靠	
		室外消防栓	消防设施配件齐全；消防管安装牢固，标识明显，阀门完好，水压充足；消防栓系统在最高位置设置自动排气设备	
		门禁、监控控制系统	电控设备运行良好，各部件动作可靠；各仪表指示正常；接地电阻阻值符合要求；控制柜绝缘符合要求；设备标识齐全、清楚；消防中心控制室设备安装、报警系统、监控系统齐全有效；摄像机必须安装牢固，设备必须能满足白天和夜间正常使用，并保证图像清晰，配置必须满足招标书上的功能要求	
		防火门	密实性好；开关阀门灵活有效；表面无锈蚀	
	供暖系统	换热站及控制系统	换热站能封闭管理且门窗完好无破损；水泵、电机安装平稳、运转正常、无杂音；换热器、软水设备、分水器等配套设备运转正常；设备标识及系统图齐全、清楚	
	排污系统	排污泵	水泵、电机安装平稳、运转正常、无杂音；浮球或信号部分动作可靠；设备标识齐全、清楚	
		控制系统	电控设备运行良好，各部件动作可靠；各仪表指示正常；接地电阻阻值符合要求；控制柜绝缘符合要求；设备标识及系统图齐全、清楚	
	管道、阀门	公共区域给水、排水管线和附属阀门	管道安装牢固，控制部件启闭灵活，无滴漏；无渗漏、无锈蚀；逆止阀性能可靠；水压试验、保温、防腐措施符合要求；设备标识齐全、清楚	

9.4　室外

室外主要指位于整个房屋房间之外的部分，包括楼宇建筑外墙之外的房屋有效组成部分，包括围护结构、地面、墙面、屋顶和细部五个部分。

围护结构指建筑及房间各面的围挡物，如围栏围护、防盗网、墙围护等，能够有效地抵御不利环境的影响。

地面指建筑物周围地表的铺筑层，包括路面、草坪、管线和台阶。

墙面是指室外装饰性墙体表面，按照材料的不同有许多分类，大都常见的有清水砖墙、外墙饰面砖、外墙涂料和玻璃幕墙。

屋顶是房屋或构筑物外部的顶盖，包括屋面以及在墙或其他支撑物以上用以支撑屋面的一切必要材料和构造，主要包括防水、屋檐、烟囱、通风和女儿墙、避雷线（针）。

细部是房屋室外除上述主要组成构件以外的零星部件，包括水管、散水、明沟、勒角、外窗台、雨篷和门斗。

房屋查验内容之三：室外　　表 9.4

类别	项目	名称	内容及评价标准	检查方法
室外	围护结构	围栏围护	围栏维护是否完好无损	观察检查、响鼓锤轻击、2m 靠尺和楔形塞尺进行平整度检查、水平仪测水平度
		防盗网	防盗网是否完好	
		墙围护	砖墙维护是否完好，墙面平整	
	地面	路面	路面是否无明显坑洼，有足够承载力，路面平整	
		草坪	草坪完整	
		管线	管线有无渗漏、生锈、破裂等现象；管线铺设是否安全可靠	
		台阶	台阶表面是否平整、无缺角、塌陷等现象	
	墙面	清水砖墙	①横竖缝接槎不平；②门窗框周围塞灰不严；③缝子深浅不一致；④漏勾缝：勒脚、腰檐、过梁上第一皮砖及门窗膀砖墙侧面等部位经常漏勾缝	
		外墙饰面砖	①外墙饰面砖的拼装、规格、颜色、图案是否美观、一致，无变色、泛碱和明显的光泽受损；②外墙饰面是否粘贴牢固、不能出现空鼓现象；③外墙饰面砖墙面是否平整、洁净、无歪斜、缺角和明显裂缝	
		外墙涂料	①色是否连续、一致；②有无特殊气味	
		玻璃幕墙	①幕墙是否干净、整洁；②颜色是否连续、一致；③有无裂缝、歪斜、缺角、透风、污浊等现象	
	屋顶	防水	屋顶防水铺设是否合理、全面；有无明显缺少、厚度不均等现象	
		屋檐	屋檐是否整齐美观；没有缺瓦、褪色和檐口层次不齐等现象	
		烟囱	烟囱外表有无明显裂缝；烟囱与房屋接口处有无跑烟现象；烟囱口是否有阻塞物等	

续表

类别	项目	名称	内容及评价标准	检查方法
室外	屋顶	通风	通风管道是否有效；无阻塞物	观察检查、响鼓锤轻击、2m靠尺和楔形塞尺进行平整度检查、水平仪测水平度
		女儿墙	墙面是否平整；无明显断裂、裂缝等	
		避雷针（线）	是否安装避雷装置	
	细部	水管	水管铺设是否安全可靠；无渗漏、生锈、裂缝等	
		散水	散水是否平整；无裂缝、断裂等（人工伸缩缝除外）	
		明沟	明沟有无阻塞	
		勒角	勒角有无裂缝、错位；勒角表面是否平整、色调一致	
		外窗台	外窗台有无裂缝、缺角等	
		雨篷	雨篷有无漏水现象	
		门斗	门斗有无缺角、开裂等	

9.5 楼、地面

楼、地面主要指房屋内部的地面和楼面，地面是指建筑物底层的地坪，主要作用是承受人、家具等荷载，并把这些荷载均匀地传给地基。常见的地面由面层、垫层和基层构成。对有特殊要求的地坪，通常在面层与垫层之间增设一些附加层。

地面的名称通常以面层使用的材料来命名。例如，面层为水泥砂浆的，称为水泥砂浆地面，简称水泥地面；面层为水磨石的，称为水磨石地面。按照面层使用的材料和施工方式，地面分为以下几类：(1) 整体类地面，包括水泥砂浆地面、细石混凝土地面和水磨石地面等。(2) 块材类地面，包括普通黏土砖、大阶砖、水泥花砖、缸砖、陶瓷地砖、陶瓷锦砖、人造石板、天然石板以及木地面等。(3) 卷材类地面，常见的有塑料地面、橡胶毡地面以及无纺织地毡地面等。(4) 涂料类地面。

因此，参考国内大多数房屋建筑及装修内容，我们将地面查验分成两个部分，即按照装饰成分分为水泥地面、地砖地面和地板地面；按照防水性能主要检查地面防水情况。

房屋查验内容之四：地面　　表 9.5

类别	项目	名称	内容及评价标准	检查方法
楼、地面	装饰	水泥地面	地面的标高、坡度、厚度必须符合设计要求，表面平整、坚硬、高度一致、密实、洁净、干燥、不得有麻面、起砂、裂缝等缺陷	观察、脚踩或用空鼓锤轻击检查
		地砖地面	地面各地砖之间的缝隙是否均匀平整；各地砖高低是否一致、有无空鼓、裂缝现象；地砖色泽是否均匀一致	
		地板地面	地面是否平整、牢固、干燥、清洁、无污染；铺设地板基层所用木龙骨、毛地板、垫木安装是否牢固、平直；查看房屋边角处地板是否无褶皱、凸起等；地板是否不透水	
	防水	地面防水	地面防水是否有效	存水检查

9.6 墙面

墙面主要指室内墙体的维护与装修。现代室内时尚墙面内墙面运用色彩、质感的变化来美化室内环境、调节照度，选择各种具有易清洁和良好物理性能的材料，以满足多方面的使用功能。墙体主要有下列4个作用：(1) 承重作用。承受屋顶、楼板传下来的荷载。(2) 围护作用。抵御自然界风、雨、雪等的侵袭，防止太阳辐射和噪声的干扰等。(3) 分隔作用。把建筑物的内部分隔成若干个小空间。(4) 装饰作用。墙面装修对整个建筑物的装修效果作用很大，是建筑装修的重要部分。

墙体应满足下列基本要求：(1) 具有足够的强度和稳定性。(2) 满足热工方面（保温、隔热、防止产生凝结水）的性能。(3) 具有一定的隔声性能。(4) 具有一定的防火性能。

墙面按照装修不同和细部构造也分成两块内容，其中，墙面装饰是按照不同装修材料对墙面进行的维护和美化，包括抹灰墙面、涂料墙面、裱糊墙面和块材墙面。细部构造指除主要墙面装饰外零星部位的装饰，包括踢脚线、墙裙和功能孔。

房屋查验内容之五：墙面　　表9.6

<table>
<tr><th>类别</th><th>项目</th><th>名称</th><th>内容及评价标准</th><th>检查方法</th></tr>
<tr><td rowspan="7">墙面</td><td rowspan="4">装饰</td><td>抹灰墙面</td><td>抹灰工程的面层，不得有爆灰和裂缝；各抹灰层之间及抹灰层和基体之间应粘接牢固，不得有脱层、空鼓；抹灰层表面光滑、洁净，接茬平整，立面垂直，阴阳角垂直方正，灰线清晰顺直。墙面线盒、插座、检修口等的位置是否按照设计要求布置，墙饰面与电气、检修口周围是否交接严密、吻合、无缝隙；电气面板宜与墙面顺色</td><td rowspan="7">① 肉眼观察；
② 用空鼓锤在可击范围内轻击；
③ 平整度用2m靠尺和楔形塞尺进行检查；平整度不应大于5mm；
④ 水平度用激光标线仪或水平尺、托尺、塞尺、尺量检查；水平度5mm/2mm</td></tr>
<tr><td>涂料墙面</td><td>是否出现涂料凸起、霉斑、涂层脱落、泛黄等现象</td></tr>
<tr><td>裱糊墙面</td><td>壁纸连接处是否有明显缝隙；壁纸表面光滑平整、无褶皱；壁纸是否裱糊牢固，是否整幅裱糊，各幅拼接横平竖直，花纹图案拼接吻合，色泽一致；壁纸表面是否无气泡、空鼓、裂缝、翘边和斑污</td></tr>
<tr><td>块材墙面</td><td>①材表面是否光泽亮丽、有无划痕、色斑、漏抛、漏磨、缺边、缺脚等缺陷；②试手感：同一规格产品，质量好，密度高的砖手感都比较沉，反之，质次的产品手感较轻。③敲击瓷砖，若声音浑厚且回音绵长如敲击铜钟之声，则瓷化程度高，耐磨性强，抗折强度高，吸水率低，不易受污染，若声音混哑，则瓷化程度低（甚至存在裂纹），耐磨性差、抗折强度低，吸水率高，极易受污染</td></tr>
<tr><td rowspan="3">细部</td><td>踢脚线</td><td>踢脚线与墙壁连接处是否有明显缝隙表面光滑平整、无褶皱；颜色均匀一致、无明显色彩上的差异；高度一致</td></tr>
<tr><td>墙裙</td><td>同上</td></tr>
<tr><td>功能孔</td><td>通风孔、换气孔、预留孔等是否通透有效；内墙洞口处涂抹均匀，无明显缺角、掉渣现象</td></tr>
</table>

9.7 顶棚

顶棚又称天棚、天花板等，在室内是占有人们较大视域的一个空间界面。其装饰处理对于整个室内装饰效果有较大影响，同时对改善室内物理环境也有显著作用。通常的做法包括喷浆、抹灰、涂料和吊顶等。具体采用要根据房屋功能要求外观形式和饰面材料确定。

因此，天棚按照装饰装修的不同，可以分为直接式和悬吊式两类，直接式是指不在天棚下面再吊装装饰物，直接通过抹灰等方式进行美化，包括喷刷、抹灰和贴面三种常见类型。而悬吊式则指在天棚下面安装一层饰面层，用以美化天棚，遮挡线路、灯具接头等，包括吊顶饰面、吊顶龙骨和灯具风扇安装等。

房屋查验内容之六：顶棚　　表 9.7

类别	项目	名称	内容及评价标准	检查方法
顶棚	直接式	喷刷	喷刷是否均匀、平整、无明显凸起、褶皱、颜色失衡等	肉眼观察 用空鼓锤在可击范围内轻击
		抹灰	抹灰工程的面层，不得有爆灰和裂缝；各抹灰层之间及抹灰层和基体之间应粘接牢固，不得有脱层、空鼓；抹灰层表面光滑、洁净，接茬平整，立面垂直，阴阳角垂直方正，灰线清晰顺直。墙面线盒、插座、检修口等的位置是否按照设计要求布置，墙饰面与电气、检修口周围是否交接严密、吻合、无缝隙；电气面板宜与墙面顺色	
		贴面	①是否用沉头螺钉与龙骨固定，钉帽沉入板面；②非防锈螺钉的顶帽应做防锈处理，板缝应进行防裂嵌缝，安装双层板时，上下板缝应错开；③罩面板与墙面、窗帘盒、灯槽交接处接缝是否严密，压条顺直、宽窄一致	
	悬吊式	吊顶饰面	饰面板表面应平整、边缘整齐、颜色一致；是否存在污染、缺棱、掉角、锤印等缺陷	
		吊顶龙骨	①吊顶龙骨不得扭曲、变形，木质龙骨无树皮及虫眼，并按规定进行防火和防腐处理；②吊杆布置合理、顺直，金属吊杆和挂件应进行防锈处理；③龙骨安装牢固可靠，四周平顺；④吊顶罩面板与龙骨连接紧密牢固，阴阳角收边方正，起拱正确	
		灯具风扇安装	安装是否牢固，重量大于 3 公斤的灯具或电扇以及其他重量较大的设备，不能安装在龙骨上，应另设吊挂件与结构连接	

9.8 结构

结构主要指组成房屋框架的各种构建，一般分为柱、墙、梁和板。其中，柱、墙是承担竖向荷载的，梁板为水平构件，将屋顶及各楼板所受力传递给地基。根据梁的位置的不同，又分为主梁、次梁、圈梁和门窗过梁。板主要指楼板，是承受人及家具、设备等外加荷载的构件。

按照我国住房的建筑构造形式，将房屋结构分为柱、墙，梁，板三部分。柱按照组成分为柱面、柱冒和柱基。梁按照类型分为普通梁、过梁、圈梁和挑梁。板又分为楼板和屋面板。

房屋查验内容之七：结构 表 9.8

类别	项目	名称	内容及评价标准	检查方法
结构	柱、墙	柱面	外露柱面是否光滑整洁、无明显断裂、错位、开裂等	观察检查、利用2m靠尺和楔形塞尺检查平整度、响鼓锤轻击及利用激光水平仪测水平度
		柱冒	外露柱冒与柱体连接处有无明显开裂等现象	
		柱基	外露柱基与基础连接处有无明显开裂等现象	
	梁	普通梁	①外露梁面是否平整，无明显开裂现象；②外露梁与柱、楼板的搭接处是否完好，无明显裂缝；③外露梁上悬挂设备安装是否牢固	
		过梁	①过梁与门窗洞口接合处有无明显裂缝；②外露过梁表面是否平整	
		圈梁	①圈梁与墙面接合处有无明显裂缝；②外露圈梁表面是否平整	
		挑梁	①外露挑梁是否有明显开裂或裂缝；②外露挑梁表面是否平整	
	板	楼板	外露楼板是否有明显开裂或裂缝	
		屋面板	①外露屋面板是否有明显开裂或裂缝；②外露屋面板是否有渗漏现象	

9.9 门窗

门的主要作用是交通出入，分隔和联系建筑空间。窗的主要作用是采光、通风及观望。门和窗对建筑物外观及室内装修造型也起着很大作用。门和窗都应造型美观大方，构造坚固耐久，开启灵活，关闭紧严、隔声、隔热。

门一般由门框、门扇、五金等组成。按照门使用的材料，门分为木门、钢门、铝合金门、塑钢门。按照门开启的方式，门分为平开门（又可分为内开门和外开门）、弹簧门、推拉门、转门、折叠门、卷帘门、上翻门和升降门等。按照门的功能，门分为防火门、安全门和防盗门等。按照门在建筑物中的位置，门分为围墙门、入户门、内门（房间门、厨房门、卫生间门）等。

窗一般由窗框、窗扇、玻璃、五金等组成。按照窗使用的材料，窗分为木窗、钢窗、铝合金窗、塑钢窗。按照窗开启的方式，窗分为平开窗（又可分为内开窗和外开窗）、推拉窗、旋转窗（又可分为横式旋转窗和立式旋转窗。横式旋转窗按转动铰链或转轴位置的不同，又可分为上悬窗、中悬窗和下悬窗）、固定窗（仅供采光及眺望，不能通风）。按照窗在建筑物中的位置，窗分为侧窗和天窗。

按照我国住房的建筑的基本样式，将门窗按照材料和围护进行分类。按照材料可以分为木门窗、金属门窗、电动门窗和玻璃；按照围护可以分为纱窗、窗帘盒和内窗台。

房屋查验内容之八：门窗　　　　表 9.9

类别	项目	名称	内容及评价标准	检查方法
门窗	材料	木门窗	①门窗材品种、材质等级、规格、尺寸、框扇的线型是否符合设计要求；②木门窗扇是否安装牢固、开关灵活、关闭严密，无走扇、翘曲现象；③木门窗表面是否洁净，不得有刨痕、锤印；④木门窗的割角拼缝严密平整，框扇裁口顺直，刨面平整；⑤木门窗披水、盖口条、压缝条、密封条的安装应顺直，与门窗结合应牢固、严密；⑥门窗各把手、插销等是否能够有效使用，各种锁具是否安全可靠	手扳检查，开启和关闭检查、观察检查
		金属门窗	①门窗的型材、壁厚是否符合设计要求，所用配件应选用不锈钢或镀锌材质；②门窗安装是否横平竖直，与洞口墙体留有一定缝隙，缝隙内不得使用水泥砂浆填塞，是否使用具有弹性材料填嵌密实，表面是否用密封胶密闭；③安装是否牢固，预埋件的数量、位置、埋设方式与框连接方法是否符合设计要求，在砌体上安装门窗严禁用射钉固定，门窗的开启方向、安装位置、连接方式是否符合设计要求；④门窗表面是否洁净、平整、光滑、色泽一致，无锈蚀、无划痕、无碰伤；⑤窗扇的橡胶密封条应安装完好，不得卷边脱槽；⑥门窗各把手、插销等是否能够有效使用，各种锁具是否安全可靠	
		电动门窗	电动门窗的型材、附件、玻璃以及感应设备的品种、规格、质量是否符合设计要求和国家规范、标准；自动门的安装位置、使用功能是否符合设计要求；自动门框安装是否牢固，门扇安装是否稳定，开闭灵敏，滑动自如；感应设备是否灵敏、安全可靠	
		玻璃	玻璃是否安装牢固，不得有裂纹、损伤和松动。门窗玻璃压条镶嵌、镶钉是否严密、牢固，与框扇接触处顺直平齐。带密封条的玻璃压条，其密封条必须与玻璃全部贴紧，压条与型材之间应无明显缝隙，压条接缝应不大于 0.3mm；玻璃表面是否洁净，不得有腻子、密封胶、涂料等污渍。中空玻璃内外表面是否清洁，中空层内不得有灰尘和水蒸气；门窗玻璃是否直接接触型材；玻璃密封胶应粘接是否牢固，表面是否光滑、顺直、无裂纹；腻子是否填抹饱满、粘接牢固；腻子边缘与裁口是否平齐	
	围护	纱窗	①窗有无破损、开裂等；②纱窗开启与关闭是否顺畅，无噪声	
		窗帘盒	窗帘盒、窗台板与基体是否连接严密、棱角方正，同一房屋内的位置标高及两侧伸出窗洞口外的长度应一致	
		内窗台	内窗台是否有明显缺角、开裂等；窗台外表是否平整、颜色协调	

9.10 电气

房屋电气装置主要是通电及电力供应的各类设备，包括电线、开关及插头、电表、配电箱、楼宇自动化、自动报警器和照明灯具。

电线、开关和插头是主要电气供应设备。其中，电线是供配电系统中一个重要组成部分，包括导线型号与导线截面的选择。供电线路中导线型号的选择，是根据使用的环境、敷设方式和供货的情况而定。导线截面的选择，应根据机械强度、导线电流的大小、电压损失等因素确定。开关包括刀开关和自动空气开关。前者适用于小电流配电系统中，可作为一般电灯、电器等回路的开关来接通或切断电路，此种开关有双极和三极两种；后者主要用来接通或切断负荷电流。因此又称为电压断路器。开关系统中一般还应设置熔断器，主要用来保护电气设备免受过负荷电流和短路电流的损害。

电表是用来计算用户的用电量，并根据用电量来计算应缴电费数额，交流电度表可分为单相和三相两种。选用电表时要求额定电流大于最大负荷电流，并适当留有余地，考虑今后发展的可能。

楼宇自动化是以综合布线系统为[1]基础，综合利用现代4C技术（现代计算机技术、现代通信技术、现代控制技术、现代图形显示技术），在建筑物内建立一个由计算机系统统一管理的一元化集成系统，全面实现对通信系统、办公自动化系统和各种建筑设备（空调、供热、给排水、变配电、照明、电梯、消防、公共安全）等的综合管理。

自动报警器具有如下几个功能：

（1）保安监视控制功能，包括保安闭路电视设备、巡更对讲通信设备、与外界连接的开口部位的警戒设备和人员出入识别装置紧急报警、处警和通信联络设施。

（2）消防灭火报警监控功能，包括烟火探测传感装置和自动报警控制系统，联动控制启闭消防栓、自动喷淋及灭火装置，自动排烟、防烟、保证疏散人员通道通畅和事故照明电源正常工作等的监控设施。

（3）公用设施监视控制功能，包括高低变压、配电设备和各种照明电源等设施的切换监视。给水、排水系统和卫生设施等运行状态进行自动切换、启闭运行和故障报警等监视控制。冷热源、锅炉以及公用贮水等设施的运行状态显示、监视告警、电梯、其他机电设备以及停车场出入自动管理系统等监视控制。

房屋查验内容之九：电气　　表9.10

类别	项目	名称	内容及评价标准	检查方法
电气	电设备	电线	塑料电线保护管及接线盒是否使用阻燃型产品；金属电线保护管的管壁、管口及接线盒穿线孔应平滑无毛刺，外形是否有折扁裂缝；电源配线时所用导线截面积是否满足用电设备的最大输出功率；暗线敷设是否配护套管，严禁将导线直接埋入抹灰层内，导线在管内不得有接头和扭结，吊顶内不允许有明露导线；电源线与通讯线是否没有穿入同一根线管内，电源线及插座与电视线及插座的水平间距不应小于500mm	① 用漏电测试仪测量插座回路保护动作参数； ② 通过开关通、断电试验检查回路功能标识； ③ 观察检查导线分色、内部配线、接线； ④ 对照规范和设计图纸检查开关、插座型号； ⑤ 检查插座安全门； ⑥ 通电后用插座相位检测仪检查接线； ⑦ 打开插座面板查看PE线连接； ⑧ 检测仪检查；打开插座面板查看相位接线方式； ⑨ 检查智能化系统功能检测报告；打开多媒体信息箱查看接线
		开关及插头	安装的电源插座是否符合“左零右相，保护地线在上”的要求，有接地孔插座的接地线应单独敷设，不得与工作零线混同；连接开关的螺口灯具导线，是否先接开关，开关引出的相线应接在灯中心的端子上，零线应接在螺纹的端子上；导线间和导线对地间电阻是否大于0.5MΩ；厕浴间是否安装防水插座，开关宜安装在门外开启侧的墙体上；灯具、开关、插座、安装是否牢固、位置是否正确，上沿标高是否一致，面板端正，紧贴墙角、无缝隙，表面洁净	

[1] 综合布线系统：是由线缆和相关连接件组成的信息传输通道或导体网络。综合布线技术是将所有电话、数据、图文、图像及多媒体设备的布线组合在一套标准的布线系统上，从而实现了多种信息系统的兼容、共用和互换，它既能使建筑物内部的语音、数据、图像设备、交换设备与其他信息管理系统彼此相连，同时也能使这些设备与外部通信相连。

续表

类别	项目	名称	内容及评价标准	检查方法
电气	电设备	电表	总电表标识是否浅显易懂；计数器是否工作正常；注意记录底数	① 用漏电测试仪测量插座回路保护动作参数； ② 通过开关通、断电试验检查回路功能标识； ③ 观察检查导线分色、内部配线、接线； ④ 对照规范和设计图纸检查开关、插座型号； ⑤ 检查插座安全门； ⑥ 通电后用插座相位检测仪检查接线； ⑦ 打开插座面板查看 PE 线连接； ⑧ 检测仪检查；打开插座面板查看相位接线方式； ⑨ 检查智能化系统功能检测报告；打开多媒体信息箱查看接线
		楼宇自动化	此类系统是否灵敏、有效	
		自动报警器	此类系统是否灵敏、有效	
		照明灯具	照明灯具安装是否安全可靠；照明设备是否有效；有无安全隐患	

9.11 给水排水

给排水是房屋供水和排水工程的简称。给水系统的作用是供应建筑物用水，满足建筑物对水量、水质、水压和水温的要求。给水系统按供水用途，可分为生活给水系统、生产给水系统、消防给水系统三种。给水系统通常包括水箱、管道、水泵、日常给水设施等。

房屋排水系统按其排放的性质，一般可分为生活污水、生产废水、雨水三类排水系统。排水系统力求简短，安装正确牢固，不渗不漏，使管道运行正常，它通常由下列部分组成：

（1）卫生器具：包括洗脸盆、洗手盆、洗涤盆、洗衣盆（机）、洗菜盆、浴盆、拖布池、大便器、小便池、地漏等。

（2）排水管道，包括器具排放管、横支管、立管、埋设地下总干管、室外排出管、通气管及其连接部件。

房屋查验内容之十：给排水　　表 9.11

<table>
<tr><th>类别</th><th>项目</th><th>名称</th><th>内容及评价标准</th><th>检查方法</th></tr>
<tr><td rowspan="10">给排水</td><td rowspan="3">供水</td><td>供水管道</td><td>管道安装横平竖直铺设牢固无松动，坡度符合规定要求。嵌入墙体和地面的暗管道应进行防腐处理并用水泥砂浆抹砌保护；给水管道与附件、器具连接严密，通水无渗漏；排水管道是否畅通，无倒坡，无堵塞，无渗漏；地漏篦子是否略低于地面走水顺畅</td><td rowspan="10">① 通水冲洗后观察检查卫生器具、阀门及给水管管道接口部位。观察检查；插入地漏尺量存水高度。检查质保书及检测报告，观察、开启检查；
② 对照规范和设计图纸检查开关、插座型号。通电后用插座相位检测仪检查接线</td></tr>
<tr><td>五金配件</td><td>五金配件制品的材质、光泽度、规格尺寸是否符合设计要求；配件安装位置是否正确、对称、牢固，横平竖直无变形，镀膜光洁无损伤、无污染，护口遮盖严密与墙面靠实无缝隙，外露螺丝卧平，整体美观</td></tr>
<tr><td>水表</td><td>所有出水设备都关闭的情况下，水表是否走动；打开一处水龙头，观察水表灵敏度；注意记录底数</td></tr>
<tr><td rowspan="2">排水</td><td>排水管道</td><td>管道安装横平竖直铺设牢固无松动，坡度符合规定要求。嵌入墙体和地面的暗管道应进行防腐处理并用水泥砂浆抹砌保护；给水管道与附件、器具连接严密，通水无渗漏；排水管道是否畅通，无倒坡，无堵塞，无渗漏；地漏篦子是否略低于地面走水顺畅</td></tr>
<tr><td>地漏与散水</td><td>地漏与散水设施达到不倒泛水要求，结合处严密平顺，无渗漏</td></tr>
<tr><td rowspan="5">盥洗设备</td><td>洗浴设备</td><td>洗浴器具的品种、规格、外形、颜色是否符合设计要求；冷热水安装是否左热右冷，安装冷热水管平行间距不小于 20mm，当冷热水供水系统采用分水器时应采用半柔性管材连接；龙头、阀门安装平正，出水顺畅；浴缸排水口对准落水管口是否做好密封，不宜使用塑料软管连接；洗浴器具安装位置是否正确、牢固端正，上沿水平，表面光滑无损伤</td></tr>
<tr><td>卫生设备</td><td>各种卫生器具与石面、墙面、地面等接触部位均是否使用硅铜胶或防水密封条密封，各种陶瓷类器具不得使用水泥砂浆窝嵌；卫生器具安装位置是否正确、牢固端正，上沿水平，表面光滑无损伤；各龙头、阀门、按钮等安装是否平正，出水顺畅；各种瓷质卫生设备表面是否光泽、无划痕、磕碰、缺失等</td></tr>
<tr><td>排风扇</td><td>卫生间吊顶下是否留有通风口；烟道、通风口中用手电查看是否存有建筑垃圾；电动排风扇是否有效</td></tr>
<tr><td>太阳能热水器</td><td>太阳能热水器安装是否安全可靠</td></tr>
</table>

9.12　供暖、通风与空调

供暖、通风与空调工程，包括采暖、通风、空气调节这三个方面，从功能上说是房屋设备的一个组成部分。

供暖系统的作用是通过散热设备不断地向房间供给热量，以补偿房间内的热耗失量，维持室内一定的环境温度。目前，我国主要供暖系统分为热水供暖和蒸汽供暖两种。其中，热水供暖系统一般由锅炉、输热管道、散热器、循环水泵、膨胀水箱等组成。蒸气供暖以蒸气锅炉产生的饱和水蒸气作为热媒，经管道进入散热器内，将饱和水蒸气的汽化潜热散发到房间周围的空气中，水蒸气冷凝成同温度的饱和水，凝结水再经管道及凝结水泵返回锅炉重新加热。与热水供暖相比，蒸气供暖热得快，冷得也快，多适用于间歇性的供暖房屋。

通风及空调系统是为了维持室内合适的空气环境湿度与温度，需要排出其中的余热余湿、有害气体、水蒸气和灰尘，同时送入一定质量的新鲜空气，以满足人体卫生或生产车间工艺的要求。通风系统按动力，分为自然通风和机械通风；按作用范围，分为全面通风和局部通风；按特征，分为进气式通风和排气式通风。

空气调节是使室内的空气温度、相对湿度、气流速度、洁净度等参数保持在一定范围内的技术，是建筑通风的发展和继续。空调系统对送入室内的空气进行过滤、加热或冷却、干燥或加湿等各种处理，使空气环境满足不同的使用要求。空气调节工程一般可由空气处理设备（如制冷机、冷却塔、水泵、风机、空气冷却器、加热器、加湿器、过滤器、空调器、消声器）和空气输送管道，以及空气分配装置的各种风口和散流器，还有调节阀门、防火阀等附件所组成。

按空气处理的设置情况分类，空调系统可以分为集中式系统（空气处理设备大都设置在集中的空调机房内，空气经处理后由风道送入各房间）、分布式系统（将冷、热源和空气处理与输送设备整个组装的空调机组，按需要直接放置在空调房内或附近的房间内，每台机组只供一个或几个小房间，或者一个大房间内放置几台机组）、半集中式系统（集中处理部分或全部风量，然后送往各个房间或各区进行再处理）。

房屋查验内容之十一：供暖、通风与空调　　表 9.12

类别	项目	名称	内容及评价标准	检查方法
供暖、通风与空调	供暖	暖气片	暖气片上方是否有排气孔，使用时是否能够拧动将气体排掉；暖气片安装时进水管和回水管的坡度符合要求，否则影响采暖；暖气片安装是否牢固可靠；暖气片表面是否光泽润滑、无划痕、变形等	观察检查、依据设计图纸核对检查、手板检查、利用声级计进行检查
		暖气罩	暖气罩表面是否平整、光滑、洁净、色泽一致，不露钉帽、无捶印、线角直顺；无弯曲变形、裂缝及损坏现象；装饰线刻纹应清晰、直顺、棱线凹凸层次分明；与墙面、窗框的衔接应严密，密封胶缝应顺直、光滑	
		暖气管线	暖气管线安装是否安全可靠，有无安全隐患	
	通风与空调	通风管道	通风管道是否有效	
		空调设备	空调安装是否安全可靠；外机、内机连接是否安全；外机噪声是否在合理范围之内	

9.13　附属间

附属间是房屋的有效组成部分，主要功能是辅助人们的日常工作、学习以及生活的需要。

按照功能不同，附属间可以分为储藏室、地下室、车库、夹层和阁楼。其中，储藏室一般有房屋内储藏室和屋外储藏室之分。

地下室则处于房屋基础中，是箱型基础的一种设计方式。车库也分整体车库和区域车库，整体车库一般指有围护结构的密闭性车库，区域车库则是在公共停车区域划出可供个人及单位停车的位置。

夹层一般包括设备层和管道井，设备层是指将建筑物某层的全部或大部分作为安装空调、给排水、电梯机房等设备的楼层。它在高层建筑中是保证建筑设备正常运行所不可缺少的。在设备层中，各种水泵，如生活水泵、消防水泵、集中供热水的加热水泵等，应浇筑设备基础，与大楼连成整体，楼板采用现浇。为防止水泵间运行渗漏水，在水泵间内应设排水沟和集水井。为不扩大建筑规模，设备层的层高一般在 2.2m 以下。但设备层的层高也不能过低，因为板下的钢筋混凝土梁截面尺寸较大，层高过低，会影响人们对设备的操作和维修。管道井又称设备管道井，是指在高层建筑中专门集中垂直安放给水排水、供暖、供热水等管道的竖向钢筋混凝土井。在高层建筑中，管道井以及排烟道、排气道等竖向管道，应分别独立设置。

阁楼在发达建筑中较为常见，在我国则是建筑楼宇顶部才有的房屋构建，它指在较高的房间内上部架起的一层矮小的楼。

房屋查验内容之十二：附属间　　表 9.13

<table>
<tr><th>类别</th><th>项目</th><th>名称</th><th>内容及评价标准</th><th>检查方法</th></tr>
<tr><td rowspan="5">附属间</td><td rowspan="3">功能房</td><td>储藏室</td><td>储藏室是否具有防水、隔热功效</td><td rowspan="5">观察、根据设计图纸对比检查</td></tr>
<tr><td>地下室</td><td>地下室是否简单装修、具有防水、防潮以及隔热功效</td></tr>
<tr><td>车库</td><td>车库内是否有良好通风、防水功效</td></tr>
<tr><td rowspan="2">结构房</td><td>夹层</td><td>夹层是否存在安全隐患</td></tr>
<tr><td>阁楼</td><td>阁楼楼板是否坚固有足够的承载力</td></tr>
</table>

9.14　其他

其他是除上述部位以外的房屋其他组成部位和设备，主要包括厨房设备、室内围护、室内楼梯、阳台、走廊和壁炉。

其中，厨房设备又分为煤气管道和煤气表。室内围护又分为隔墙和软包。室内楼梯按照组成构件分为楼梯面板和扶手栏杆。阳台按照组成部位和样式不同分为阳台、平台和露台。还有走廊和壁炉，这在我国建筑中并不多见。

房屋查验内容之十三：其他　　表 9.14

类别	项目	名称	内容及评价标准	检查方法
其他	厨房设备	煤气管道	煤气管道安装是否安全可靠，有无安全隐患	检查质保书及检测报告，观察检查
		煤气表	煤气表标识是否浅显易懂；计数器是否工作正常；注意记录底数	
	室内围护	隔墙	隔墙工程所用材料的品种、级别、规格和隔声、隔热、阻燃等性能是否符合设计要求和国家有关规范、标准的规定墙板的隔音效果；墙板是否抹灰均匀、没有缝隙；墙板与其他墙体的接缝处是否严密整齐；隔墙内填充材料是否干燥、铺设厚度均匀、平整、填充饱满，是否有防下坠措施	
		软包	软包织物、皮革、人造革等面料和填充材料的品种、规格、质量是否符合设计要求和防火、防腐要求；软包工程的衬板、木框的构造是否符合设计要求，钉牢固，不得松动；软包制作尺寸是否正确，棱角方正，周边平顺，表面平整，填充饱满，松紧适度；软包安装是否平整，紧贴墙面，色泽一致，接缝严密、无翘边；软包表面是否清洁、无污染，拼缝处花纹吻合、无波纹起伏和皱褶；软包饰面与压条、盖板，踢脚线，电器盒面板等交接处是否交接紧密、无毛边。电器盒开洞处套割尺寸是否正确，边缘整齐，盖板安装与饰面压实，毛边不外露、周边无缝隙	
	室内楼梯	楼梯面板	室内楼梯面板是否安全可靠，有无明显开裂现象	
		扶手栏杆	护栏高度、栏杆间距是否符合设计要求，其中，护栏、扶手材质和安装方法是否能承受规范允许水平荷载、扶手高度是否不小于 0.9m，栏杆高度是否不小于 1.05m、栏杆间距不应大于 0.11m	
	阳台	阳台	阳台安全维护设施是否合理有效；无渗水、漏雨等现象	
		平台	平台是否安全	
		露台	露台是否安全	
	走廊	走廊	走廊是否安全、无渗水、漏雨等现象	
	壁炉	壁炉	壁炉安装与搭设是否安全；无明显裂缝、错位、断裂等	

小贴士

1. 你们验房，有哪些工具？

答：我们验房每个工程师都配备一个专业工具箱，箱内检测工具齐全：激光测距仪，红外线标线仪，专业相位仪，等等。

2. 验房时遇到自己不知道该怎么用专业名词描述的地方？

答：(1) 可以上网查询；(2) 可以询问专业的朋友，因为我们代表的是整个验房公司，不要让物业以及业主觉得我们不是专业的。

3. 业主提出让验房师检测不属于我们的工作范畴的内容怎么办？

答：明确告诉业主我们作为验房师应该检测的内容，那个范围是建筑公司或装修公司的工作内容。

4. 验房内容分别是什么？

答：毛坯房验房内容：

(1) 房屋土建质量问题（空鼓、开裂、浸水、面积、尺寸、平整度、垂直度、方正）；

(2) 房屋安装质量问题（门、窗、水、电）；

(3) 房屋建材有没有偷工减料现象（损坏、规格、类型）；

(4) 房屋与合同交付条款是否一致（兑现是与承诺一致）；

(5) 房屋的安防、消防、节能有没有做到位（与国家强制性条文是否一致）。

精装房验房内容：

(1) 电路工程（插座、开关、灯具、等电位、线路接法、漏电测试是否正常）；

(2) 防水工程（厨房、卫生间、防水防潮防漏施工质量是否合格；外墙、外门窗是否有渗水现象）；

(3) 门窗工程（备件是否有缺陷，密封性能是否完好、安全防护是否到位、玻璃型材是否偷工减料）；

(4) 木工工程（所有地板、踢脚板、顶吊、门套、窗套、衣柜、橱柜施工质量是否合格）；

(5) 墙面地面顶工程（墙地砖铺贴质量、墙顶棚涂料施工质量是否合格）；

(6) 其他工程（五金、洁具安装、室内尺寸的误差、查看实际交付装修条款与合同约定是否一致）。

5. 现场验房步骤？

答：现场验房一般有三个步骤：

(1) 发现问题这些问题具体发生在什么部位，并作相应标识；

(2) 解释问题这些问题所形成的原因及后期影响，部分整改建议；

(3) 问题规范这些问题违反了哪些规范。

6. “五证二书二表”指的是哪些东西？

答：五证：国有土地使用权证、建设用地规划许可证、建设工程规划许可证、建设工程施工许可证、商品房预售许可证。

二书：住宅使用说明书、住宅质量保证书。

二表：竣工验收备案表、面积实测表。

7. 水怎么验?

答:验房师在验房现场会对:

对房子的外墙部位，检查是否渗潮。

对房子的外窗两侧，检查是否渗潮。

对有顶楼的房子，检查顶棚是否渗潮。

对有地下室的房子，检查地下室是否渗潮。

对厨房、卫生间的上下水，检查是否通畅。

对厨房、卫生间有地漏的部位，检查地面的排水坡度是否正确。

8. 电怎么验?

答:我们有专业的验电器，检测电路。

如果业主追问电具体验什么?

室内所有插座的相位接线，是否正确。

室内所有照明通电，是否正常。

室内空调电线使用，是否偷工减料。

卫生间的等电位，是否接线正确，

室内电路的回路，是否合理。

9. 我们去收房，验房师一起帮我们到售楼处办手续吗?

答:实在不好意思。我们是第三方检测公司，负责帮您检验房屋的质量问题。您在办理收房相关手续时，需要注意哪些事项，查验开发企业的哪些证件等事宜，您可以事先咨询为您服务的工程师。

第四部分　验房报告

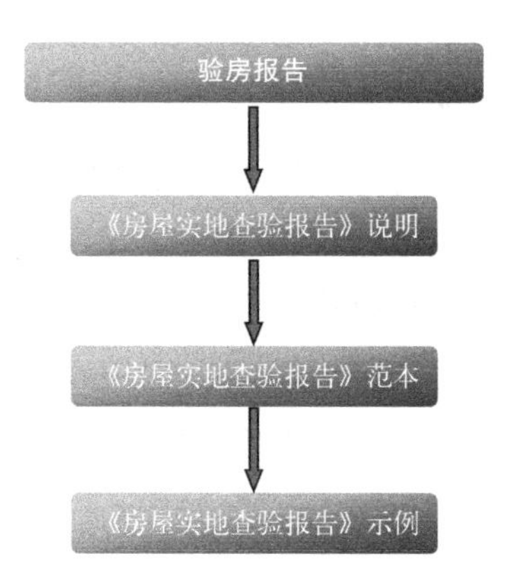

10 《房屋实地查验报告》范本

10.1 《房屋实地查验报告》介绍

《房屋实地查验报告》应包括以下四个部分：

（1）基本信息：对顾客、验房师以及查验目标房屋的基本情况进行记录。

（2）协议书：在验房前，验房师须向顾客介绍验房工作的业务范围及工作方式、方法，客户了解之后，双方须在该文本上签字以示对验房业务的认可和同意。

（3）房屋查验情况描述：查验情况描述分为选择性描述、备注描述及问题图片展示三部分，这样既规范了验房师对于房屋质量的评判标准，以遵行《操作标准》，又便于验房师进行具体描述。

（4）签字确认：客户与验房师在《房屋实地查验报告》上签字确认相关内容。

10.2 《房屋实地查验报告》说明

（1）本文本为示范文本。

（2）签订前，业主或委托人应当向验房师出示有关证书和证明文件。

（3）业主与验房师按照自愿、公平及诚实信用的原则签订该文本（注意：在验房开始，双方首先应当签署本文件的“协议书”部分），任何一方不得将自己的意志强加给另一方。双方当事人可以对文本条款的内容进行修改、增补或删减。但需要遵循国家法律、部门规章制度和行业规定。

（4）签订该文本前，双方当事人应仔细阅读文本，特别仔细审阅其中具有选择性、补充性、填充性、修改性的内容。

（5）为体现当事人双方的自愿原则，本文本中相关条款后留有空白表格，供双方自行约定或补充约定。双方当事人也可以针对文本中未约定或约定不详的内容，根据住房的实际情况签订公平合理的补充文本，也可以在相关条款后的空白行中进行补充约定。

（6）本文本第三部分“查验情况”中，验房师应当根据实际情况将房屋质量状况客观描写清楚。

（7）本文本第三部分“查验情况”中，“备注”栏应当由验房师填写客观选项中不包含的内容，或需要用文字说明的功能、安全、质量隐患。“照片”栏中应当粘贴相应大小的照片以示说明。

（8）验房师可根据实际验房需要，增添或删减文本第三部分页数，但第一、二、四部分内容不得删减。

（9）本文本须用黑色字迹签字笔填写清楚。需要业主或委托人填写的地方，验房师无权代填。

（10）双方当事人可以根据实际情况决定该文本的份数，并在签订合同时认真核对，以确保各份内容一致；在任何情况下，双方当事人都应当至少持有一份该文件。

10.3 《房屋实地查验报告》范本

第一部分：基本信息

（双方共同填写）

委托人信息（甲方）			
委托人			
通信地址			
邮政编码		联系电话	
委托代理人		联系电话	

个人业务填写					
身份证 / 护照号					
家庭住址					
国籍		性别		出生日期	

公司 / 单位业务填写	
企业法人	
营业执照注册号	

验房师填写（乙方）					
姓名（乙方）		性别		出生日期	
身份证 / 护照				从业资质	
所属公司					
通信地址				邮政编码	
公司法人		营业执照注册号			

双方共同确认（所验房屋以下统称房屋）

房屋地址				
产权情况及产权人				
房屋现状		①占用、②空置、③闲置、④出租、⑤抵押		
其他须说明情况				
房屋主体结构		①砖混、②钢筋混凝土、③木结构、④钢结构、⑤混合结构		
房屋位置	（幢）（座）第____层____单元____号			
房屋朝向		阳台数量	封闭式____个；非封闭式____个	
房屋附属房间数量	地下室		车库	地上____个；地下____个
验房目的		①出租、②出售、③购置、④装修、⑤抵押		
其他目的				

第二部分：协议书

（签订前，请双方仔细阅读下列条款）

总则

1. 本《报告》目的在于检查房屋各项功能与组合是否正常运转。

2. 本《报告》只是对房屋现状的真实、客观反映。一切维修、维护或更换措施应由委托人自行决定。

3. 本《报告》不能替代《住宅质量保证书》或《建筑工程质量认定书》，不具备与上述两文件同等的法律效力。

查验内容

4. 房屋实地查看内容主要分为各功能区室内净高、使用面积、平整度、垂直度、阴阳角、门窗、水、电暖安装、墙体、地面、空鼓、裂缝、渗水等其他部分。与此无关的内容不予查验。

5. 房屋结构只查验外露部分，隐蔽工程不予查验。

6. 房屋查验只是对房屋情况的大概检查，如需进行更为详细的检测，请聘请专业工程师或技术人员。

7. 验房师对数量较多的房屋构建或组成部分只进行抽样性检查，比如砖，玻璃等。

8. 房屋查验不包括对危险部位或容易造成人身伤害的材料的检测。

9. 房屋查验不包括对房屋空气质量、环境质量、噪声污染、光污染、人为污染物、宠物居室的检查。

查验过程

10. 查验过程中，委托人应保证验房师的独立性，确保查验环境的无干扰性。

11. 验房师进行房屋查验时，委托人应当始终陪同。因委托人没有陪同而造成的房屋结构、装修、设备、家具等的损坏，不予赔偿。

12. 验房费用，按照委托人与验房师事先约定为准。

我已阅读并同意以上条款。　　　　　　　　　　我已阅读并同意以上条款。

委托人（签章）：____________　　　　　　　　验房师（签章）：____________

第三部分：房屋查验情况

（请验房人员填写、在符合情况的方格上打“√”，并在后面括号中进行选择）

【第一部分】室外	
查验选项	①合格　②质量良好　③基本合格　④存在隐患
[围护结构]	□围栏围护（　）；□防盗网（　）；□墙围护（　）；
[地面]	□路面（　）；□草坪（　）；□管线（　）；□台阶（　）；
[墙面]	□清水砖墙（　）；□外墙饰面砖（　）；□外墙涂料（　）；□玻璃幕墙（　）；
[屋顶]	□防水（　）；□屋檐（　）；□烟囱（　）；□通风（　）； □女儿墙（　）；
[细部]	□水管（　）；□散水（　）；□明沟（　）；□勒角（　）； □外窗台（　）；□雨篷（　）；□门斗（　）
备注	
照片	

【第二部分】地面	
查验选项	①质量良好　②基本合格　③存在隐患
[装饰] [防水]	□毛坯地面（　）；　□地砖地面（　）；　□地板地面（　）； □地面防水（　）
备注	
照片	

【第三部分】墙面	
查验选项	①质量良好　②基本合格　③存在隐患
[装饰] [细部]	□抹灰墙面（　）；□涂料墙面（　）；□裱糊墙面（　）；□块材墙面（　） □踢脚线（　）；□墙裙（　）；□功能孔（　）
备注	
照片	

【第四部分】顶棚	
查验选项	①质量良好　②基本合格　③存在隐患
[直接式]	□喷刷（　）；　□抹灰（　）；　□贴面（　）；
[悬吊式]	□吊顶饰面（　）；　□吊顶龙骨（　）；　□灯具风扇（　）
备注	
照片	

【第五部分】结构	
查验选项	①质量良好　②基本合格　③存在隐患
[柱] [梁] [板]	□柱面（　）；　□柱冒（　）；　□柱基（　）； □普通梁（　）；　□过梁（　）；　□圈梁（　）；　□挑梁（　）； □楼板（　）；　□屋面板（　）
备注	
照片	

【第六部分】门窗	
查验选项	①质量良好　②基本合格　③存在隐患
[材料] [围护]	□木门窗（　）；□金属门窗（　）；□电动门窗（　）；□玻璃（　）； □纱窗（　）；□窗帘盒（　）；□内窗台（　）
备注	
照片	

【第七部分】电气	
查验选项	①质量良好　②基本合格　③存在隐患
[电设备]	□电线（　）；□开关插头（　）；□电表（　）；□楼宇自动（　）； □报警器（　）；□照明灯具（　）
备注	
照片	

【第八部分】给水排水	
查验选项	①质量良好　②基本合格　③存在隐患
[供水]	□供水管道（　）；　□五金配件（　）；　□水表（　）；
[排水]	□排水管道（　）；　□地漏散水（　）；
[盥洗设备]	□洗浴设备（　）；　□卫生设备（　）；　□排风扇（　）；　□太阳能热水器（　）
备注	
照片	

【第九部分】暖通	
查验选项	①质量良好　②基本合格　③存在隐患
[暖气] [空调]	□暖气片（　）；□暖气罩（　）；□暖气管道（　）； □通风管道（　）；□空调设备（　）
备注	
照片	

【第十部分】附属间	
查验选项	①质量良好　②基本合格　③存在隐患
[功能房] [结构房]	□储藏室（　）；　□地下室（　）；　□车库（　）； □夹层（　）；　□阁楼（　）
备注	
照片	

【第十一部分】其他	
查验选项	①质量良好 ②基本合格 ③存在隐患
[厨房设备]	□煤气管道（ ）； □煤气表（ ）；
[室内围护]	□隔墙（ ）； □软包（ ）；
[室内楼梯]	□楼梯面板（ ）； □栏杆扶手（ ）；
[阳台]	□阳台（ ）； □平台（ ）； □露台（ ）；
[走廊]	□走廊（ ）；
[壁炉]	□壁炉（ ）
备注	
照片	

[illegible]	
查验选项	①质量良好　②基本合格　③存在隐患
[　　] [　　] [　　] [　　] [　　] [　　]	□(　　)；　□(　　)； □(　　)；　□(　　)； □(　　)；　□(　　)； □(　　)；　□(　　)；　□(　　)； □(　　)； □(　　)
备注	
照片	

第四部分：签字确认

（双方共同填写）

验房人员填写（乙方）

经过详细查验，我谨保证上述内容真实有效。	签章：
验房人员所在公司确认。	签章：

业主／委托人填写（甲方）

我已确认上述事实。	签章：

结算单

按照约定，甲方向乙方支付验房费用 ________ 元。	甲方支付签章确认： 乙方收款签章确认：

年　　月　　日

11 《房屋实地查验报告》示例

11.1 《毛坯房验房报告》示例[1]

检测验收报告

苏【检】字（2014）第YJ0035305号

工程地点：苏州市吴中区

委 托 方：××××102-404室

检测日期：20××年××月××日

报告日期：20××年××月××日

[1] 《毛坯房验房报告》示例由江苏宜居工程质量检测有限公司提供。

一、工程概况

应业主要求于2014年9月28日对苏州市吴中区××××102-404室毛坯房检验；该房屋结构为：钢筋混凝土结构；合同编号：201401080141；合同建筑面积120.24m^2，其中套内建筑面积为95.312；公摊面积为24.924m^2；合同层高为3m，地上18层，地下1层。

二、常用检测依据

（1）购房合同；
（2）住宅设计规范　GB50096-2011；
（3）江苏省住宅设计标准　DGJ32/J26-2006；
（4）民用建筑设计通则　GB50352-2005；
（5）住宅建筑规范　GB50368-2005；
（6）地下防水工程质量验收规范　GB50208-2011；
（7）混凝土结构工程施工质量验收规范　GB50204-2015；
（8）建筑地面工程施工质量验收规范　GB50209-2010；
（9）砌体结构工程施工质量验收规范　GB50203-2011；
（10）屋面工程质量验收规范　GB50207-2012；
（11）建筑装饰装修工程质量验收规范　GB50210-2001；
（12）住宅装饰装修工程施工规范　GB50327-2001；
（13）建筑电气工程施工质量验收规范　GB50303-2015；
（14）建筑给水排水及采暖工程施工质量验收规范　GB50242-2002；
（15）通风与空调工程施工质量验收规范　GB50243-2002；
（16）建筑工程施工质量验收统一标准　GB50300-2013；
（17）建筑设计防火规范　GB50016-2014；
（18）建筑物防雷设计规范　GB50057-2010；
（19）建筑玻璃应用技术规程　JGJ113-2015；
（20）夏热冬冷地区居住建筑节能设计标准　JGJ75-2012；
（21）建筑节能工程施工质量验收规范　GB50411-2007；
（22）江苏省民用建筑热环境与节能设计标准　DB32/T478-2001；
（23）工程建设标准强制性条文（房屋建筑部分2002年版）；
（24）住宅工程质量通病控制标准　DGJ32/J16-2005；
（25）江苏省住宅工程质量分户验收规程　DGJ32TJ103-2010；
（26）房产测量规范　第1单元：房产测量规定 GB/T17986.1-2000；

(27) 车库建筑设计规范　JGJ100-2015。

三、检测仪器及工具

激光标线仪、激光测距仪、专业相位仪、专业空鼓锤、对角检测尺、2m 折叠靠尺、楔形塞尺、检测镜、钢针小锤、卷线器、游标卡尺、5m 钢卷尺、磁铁石等。

四、检测情况

1. 进户门

(1) 进户门建议查看(防火)防盗检测报告及合格证。

(2) 进户门门框表面多处划痕、擦伤。(现场已标识)

(3) 进户门子门扇锁孔缺调整铁片。(现场已标识)

(4) 进户门门扇闭合后松动。(现场已标识)

2. 客餐厅

(1) 餐厅窗扇锁扣缺装饰盖帽。(现场已标识)

(2) 客厅东墙墙面 1 处开裂。(现场已标识)

(3) 客厅西墙墙面 1 处开裂。(现场已标识)

(4) 客厅地面东西方向 1 处开裂，长约 3m。(现场已标识)

(5) 客厅移门门扇安装不垂直。(现场已标识)

3. 卧室

(1) 儿童房北墙墙面 2 处开裂。(现场已标识)

(2) 儿童房西墙墙面 1 处开裂。(现场已标识)

(3) 儿童房窗框型材 1 处变形。(现场已标识)

(4) 儿童房窗扇锁扣缺装饰盖帽。(现场已标识)

(5) 主卧室东墙墙面 1 处开裂；西墙墙面 1 处开裂。(现场已标识)

(6) 主卧室北墙墙面 1 处开裂。(现场已标识)

(7) 主卧室西南角地面 1 处空鼓。(现场已标识)

(8) 主卧室窗框型材 1 处变形。(现场已标识)

(9) 主卧室窗扇安装不垂直。(现场已标识)

(10) 主卧室窗扇锁扣缺装饰盖帽。(现场已标识)

4. 厨房

(1) 厨房 110 排水管上防火阻火圈未固定。(现场已标识)

(2) 厨房应配有燃气报警装置。(现场已标识)

(3) 厨房顶棚水管周边有渗水水渍。(现场已标识)

(4) 后期装修应加强厨房间墙地面防水层。

5. 卫生间

（1）次卫生间窗扇安装不垂直。（现场已标识）

（2）次卫生间 110 排水管上防火阻火圈未固定。（现场已标识）

（3）主卫生间顶棚有渗水水渍。（现场已标识）

（4）主卫生间 110 排水管上防火阻火圈未固定。（现场已标识）

（5）后期装修应加强卫生间墙地面防水层。

6. 阳台及空中花园

（1）南阳台南墙墙面 1 处开裂，2 处空鼓。（现场已标识）

（2）南阳台东侧窗扇安装不垂直；窗扇锁扣缺装饰盖帽。（现场已标识）

（3）南阳台南侧窗扇安装不垂直；窗扇锁扣缺装饰盖帽。（现场已标识）

（4）空中花园门锁把手安装松动；门扇闭合后松动。（现场已标识）

（5）空中花园西墙墙面 1 处开裂。（现场已标识）

（6）空中花园窗扇安装不垂直。（现场已标识）

（7）空中花园窗外平台 1 处破损。（现场已标识）

7. 备注内容

（1）室内所有铝合金门窗框固定螺丝固定方法不合理。

（2）后期注意室内承重墙与填充墙墙体及梁边温度裂缝、建议铺涤纶布加固处理。

（3）建议后期加强墙面基层砂浆强度处理，注意墙面有无起砂现象。

（4）为了您的家人健康，建议新房入住前室内进行环境检测，避免装修空气污染导致您与家人的身体健康。

五、主要问题检测分析

1. 验收内容：楼地面、墙面等空鼓问题

验收标准：楼地面空鼓面积不超过 400cm^2（参照《江苏省住宅工程质量分户验收规程》及 GB50209-2010　5.2.6、5.3.6）。

2. 验收内容：墙地面裂缝问题

验收标准：距检查面 1m 处正视不裂缝和爆灰。（参照《江苏省住宅工程质量分户验收规程》及 GB50210-2001 4.3.5 和 GB50209-2010 5.2.7）

3. 验收内容

室内地面无管线弹线标识验收标准：《住宅工程质量分户验收规程》3.0.2.4 明确要求：在室内标识好暗埋的各类管线走向区域和室内空间尺寸测量的控制点、线；配电控制箱内电气回路标识清楚，并且各类管线走向应附图纸（参照《江苏省住宅工程质量分户验收规程》DGJ32/J103-2010 3.0.2.4）。

4. 验收项目：玻璃划痕

验收标准：（GB 50210-2001）玻璃表面应平整洁净整幅玻璃的色泽应均匀一致不得有污染和镀膜损坏；每平方米玻璃的表面质量，不允许明显划伤和长度大于 100mm 的轻微划伤；长度 ≤ 100mm 的轻微划伤，不得超过 8 条；擦伤总面积不得超过 $500mm^2$。

5. 验收内容：门窗

验收标准：《建筑装饰装修工程质量验收规范》GB50210-2001 第 5.3.8 条："金属门窗框与墙体之间缝隙应填嵌饱满，并采用密封胶密封。密封胶表面应光滑、顺直，无裂纹"；第 5.3.12 条："铝合金推拉窗扇与框搭接量允许偏差值为 1.5mm……"；第 5.3.4 条："推拉门窗扇必须有防脱落措施"；第 5.3.6 条："金属门窗表面应洁净、平整、光滑、色泽一致，无锈蚀。大面应无划痕、碰伤……"；第 5.3.4 条："金属门窗扇必须安装牢固，并应开关灵活、关闭严密……"

《中华人民共和国国家标准 GB/T 8478-2008 铝合金窗》第 5.4 条："窗用五金件、附件安装门窗附件安装牢固，开启扇五金配件运转灵活，无卡滞。紧固件就位平正，并进行密封处理。"第 5.5 条："门窗附件的安装连接构造可靠，并具有更换和维修的方便性。长期承受荷载和门窗反复启闭作用的五金配件，其本身构造应便于其易损零件的更换。"

6. 验收内容：进户门防火、防盗规定

验收标准：

《江苏省住宅工程质量分户验收规程》DGJ32/J 103-2010 7.1.5 条规定："分户门的种类、性能应符合设计要求；开启灵活，关闭严密，无倒翘，表面色泽均匀，无明显损伤和划痕。若进户门设计为防盗门，分户验收中要核查进户门是否为防盗门；若进户门未设计为防盗门，在进户门洞口室外侧应留安装防盗门的位置，可方便住户随时安装防盗门。"

《江苏省住宅设计标准》DBJ32/J26-2006 中 8.4.7 规定高层居住建筑的户门不应直接开向前室，当确有困难时，部分开向前室的门均应为乙级防火门。

7. 验收内容：关于查看相关证件

参照标准：

《中华人民共和国消费者权益保护法》第二章第七条规定：消费者有权要求经营者提供的商品和服务，符合保障人身、财产安全的要求。

六、参编人员

参编人	单位	签字
检测人	苏州宜居工程质量检测有限公司	×××
校核人	苏州宜居工程质量检测有限公司	×××
审批人	苏州宜居工程质量检测有限公司	×××

×××102—404 室内部分问题照片

客厅地面 1 处开裂

室内窗扇把手缺装饰盖帽

客厅移门门扇安装不垂直

窗框型材变形

阻火圈未固定

室内墙面开裂

11.2 《精装房验房报告》示例[1]

检测验收报告

苏【检】字（2014）第 YJ0042033 号

工程地点：苏州市金阊区

委 托 方：××××××× 14-1706 室

检测日期：20×× 年 ×× 月 ×× 日

报告日期：20×× 年 ×× 月 ×× 日

[1] 《精装房验房报告》示例由江苏宜居工程质量检测有限公司提供。

一、工程概况

应业主要求于2014年09月30日对苏州市××××××14-1706室进行精装修房检验；该房屋结构为钢筋混凝土结构；合同编号：201304120185合同建筑面积为89.07m^2，其中套内建筑面积为67.637m^2；公摊面积为21.435m^2；地上34层，地下1层。

二、常用检测依据

（1）购房合同；
（2）住宅设计规范　GB50096-2011；
（3）江苏省住宅设计标准　DGJ32/J26-2006；
（4）民用建筑设计通则　GB50352-2005；
（5）住宅建筑规范　GB50368-2005；
（6）地下防水工程质量验收规范　GB50208-2011；
（7）混凝土结构工程施工质量验收规范　GB50204-2015；
（8）建筑地面工程施工质量验收规范　GB50209-2010；
（9）砌体工程施工质量验收规范　GB50203-2011；
（10）屋面工程质量验收规范　GB50207-2012；
（11）建筑装饰装修工程质量验收规范　GB50210-2001；
（12）住宅装饰装修工程施工规范　GB50327-2001；
（13）建筑电气工程施工质量验收规范　GB50303-2015；
（14）建筑给水排水及采暖工程施工质量验收规范　GB50242-2002；
（15）通风与空调工程施工质量验收规范　GB50243-2002；
（16）建筑工程施工质量验收统一标准　GB50300-2013；
（17）建筑设计防火规范　GB50016-2014；
（18）建筑物防雷设计规范　GB50057-2010；
（19）建筑玻璃应用技术规程　JGJ113-2015；
（20）夏热冬冷地区居住建筑节能设计标准　JGJ75-2012；
（21）建筑节能工程施工质量验收规范　GB50411-2007；
（22）江苏省民用建筑热环境与节能设计标准　DB32/T478-2001；
（23）工程建设标准强制性条文（房屋建筑部分2002年版）；
（24）住宅工程质量通病控制标准　DGJ32/J16-2005；
（25）江苏省住宅工程质量分户验收规程　DGJ32TJ103-2010；
（26）房产测量规范　第一单元：房产测量规定　GB/T 17986.1-2000；
（27）汽车库建筑设计规范　JGJ100-2015。

三、检测仪器及工具

激光标线仪、激光测距仪、专业相位仪、专业空鼓锤、对角检测尺、2m 折叠靠尺、楔形塞尺、检测镜、钢针小锤、卷线器、游标卡尺、5m 钢卷尺、磁铁石等。

四、检测情况

1. 进户门

（1）进户门建议查看（防火）防盗检测报告及合格证。

（2）进户门门框型材表面有掉漆、划痕现象。（现场已标识）

（3）进户门门框密封条局部脱落。（现场已标识）

2. 门厅及客餐厅

（1）门厅门镜安装不方正。（现场已标识）

（2）餐厅强电箱缺装饰盖。（现场已标识）

（3）客厅移门门框型材 1 处开裂。（现场已标识）

3. 卧室

（1）北次卧室门扇闭合后松动。（现场已标识）

（2）北次卧室西墙墙面 1 处撞伤。（现场已标识）

（3）北次卧室窗扇玻璃表面多处划痕。（现场已标识）

（4）主卧室门扇闭合后松动。（现场已标识）

（5）主卧室在我身上外遮阳把手安装松动。（现场已标识）

4. 厨房

（1）厨房推拉窗窗扇缺限位装置。（现场已标识）

（2）厨房墙地面砖多处填缝不到位。（现场已标识）

5. 卫生间

（1）卫生间门扇闭合后松动。（现场已标识）

（2）卫生间门框内侧线条表面 2 处铁钉外露。（现场已标识）

（3）卫生间墙地面砖填缝不到位。（现场已标识）

6. 阳台

7. 备注内容

（1）室内部分问题现场已整改。

（2）室内墙顶面涂料表面有明显色差、泛碱、返色、刷纹砂眼、流坠、起疙、溅沫等。

（3）后期注意观察承重墙与填充墙及梁边温度裂缝。

（4）建议雨天观察外墙窗边有无渗水情况。

（5）建议查看橱柜、木门、地板等板材检验报告及当地政府质检部门的复试报告。

（6）为了您的家人健康，建议新房入住前室内进行环境检测，避免装修空气污染导致您与家人的身体健康。

五、主要问题检测分析

1. 检验内容；墙顶面乳胶漆

收标准：检验应在涂料干燥后，在自然光线下采用目测和手感的方法验收，表面平整，无掉粉、起波、漏刷现象、涂料干实后手感及距被检验面 1.5m 处 目测全数检验、均应符合要求，无明显色差、泛碱、返色、刷纹砂眼、流坠、起疙、溅沫。

参照标准：DB32/381-2000/3-10-3-1.

2. 检验内容；墙面有空鼓、裂缝

验收标准：楼地面空鼓面积不得超过 400cm^2，不得出现裂缝和起砂。墙面、天棚无空鼓、脱层；距检查面 1m 处正视无裂缝和爆灰。

参照标准：GB50209-2010　5.3.6；GB50210-2001　4.3.5；江苏省住宅工程质量分户验收规程　DGJ32TJ103-2010　5.1.2。

3. 检验内容；墙地面砖铺贴

验收标准：镶贴应牢固，表面平整干净，无漏贴错贴，缝隙均匀、周边顺直，砖面封锁裂纹、掉角、缺楞，目测，全数检验，均应符合要求，无空鼓、脱落，小锤轻轻敲击，空鼓面积大于总数的 5% 或有脱落即为不合格。饰面砖粘贴必须牢固；满粘法施工的饰面砖工程应无空鼓、裂缝；饰面砖表面应平整洁净色泽一致无裂痕和缺损；阴阳角处搭接方式非整砖使用部位应符合设计要求；墙面突出物周围的饰面砖应整砖套割吻合边缘应整齐墙裙贴脸突出墙面的厚度应一致；饰面砖接缝应平直光滑填嵌应连续密实；有排水要求的部位应做滴水线（槽）滴水线（槽）应顺直流水坡向应正确。

参照标准：GB 50210-2001。

4. 验收项目：木制品，壁橱及吊橱

验收标准：造型、结构和安装位置应符合设计要求。框架应采用榫头结构（细木工板除外），表面应砂磨光滑，不应有毛刺和锤印。采用贴面材料时，应粘贴平整牢固，不脱胶，边角处不起翘。橱门应安装牢固。开关灵活，下口与底片下口位置平行。小五金安装齐全、牢固，位置正确。 橱门缝宽度≤ 1.5mm 楔形塞尺，垂直度≤ 2.0mm 线锤、钢卷尺，对角线长度（橱体、橱门）≤ 2.0mm 线锤、钢卷尺，每橱随机选门一扇，测量不少于二处，取最大值。

参照标准：GB 50210-2001。

5. 验收项目：木地板

验收标准：木地板表面应洁净无沾污，刨平磨光，无刨痕、刨茬在毛刺等现象。木客栅应牢固，间距应符合要求。铺设应牢固，不松动，行走时地板无响声。地板与墙面之间应留 8 ~ 10mm 的伸缩缝，用目测和手感的方法验收。表面平整度，长地板≤ 2.0、拼花地板≤ 2.0、四面企口地板≤ 2.02m 靠尺、楔形塞尺，缝隙宽度长地板≤ 1.0、拼花地板≤ 0.5、拼花预制块≤ 0.2、四面企口地板≤ 0.2、地板接缝高低 ≤0.5 靠尺、楔形塞尺，每室至少测量三处，取最大值。

参照标准：GB 50210-2001；GB50327-2001。

6. 验收项目：吊顶

验收标准：吊顶安装应牢固，表面平整，无污染、折裂、缺棱、掉角、锤伤等缺陷。

粘贴固定的罩面板不应有脱层；搁置的罩面板不应有漏、透、翘角等现象。吊顶位置应准确，所有连接件必须拧紧、夹牢，主龙骨无明显弯曲，次龙骨连接处无明显错位。采用木质吊顶、木龙骨时应进行防腐、防火处理，在嵌装灯具等物体的位置要有防火处理。采用目测的方法验收。1m 钢直尺、楔形塞尺表面平整≤ 2，随机测一处垂直的两个方向，取最大值。接缝平直≤ 3、压条平直≤ 3、5m 托线、钢直尺 ，拉线检查，不足 5m 拉一次，超过 5m 拉两次，随机测至少二次，取最大值。钢直尺、楔形塞尺压条间距≤ 2、吊顶水平 ±5 随机测量不少于二处，取最大值。

参照标准：GB 50210-2001；GB50327-2001。

7. 验收项目：卫浴设备

验收标准：采用目测和手感方法验收。安装完毕后进行不少于 2h 盛水试验无渗漏，盛水量分别如下：便器高低水箱应盛至板手孔以下 10mm 处；各种洗涤盆、面盆应盛至溢水口；浴缸应盛至不少于缸深的三分之一；水盘应盛至不少于盘深的三分之二。

卫生洁具的给水连接管，不得有凹凸弯扁等缺陷。卫生洁具固定应牢固。不得在多孔砖或轻型隔墙中使用膨胀螺栓固定卫生器具。卫生洁具与进水管、排污口连结必须严密，不得有渗漏现象。卫浴设备验收标准分析　卫生洁具外表应洁净无损坏，卫生洁具安装牢固，不得松动，排水畅通。各连接处应密封无渗漏、阀门开关灵活，维修方便。马桶底座严禁用水泥沙浆固定，宜用油石灰或硅酮胶连接密封。

参照标准：GB 50210-2001；GB50327-2001。

8. 验收项目：玻璃划痕

验收标准：玻璃表面应平整洁净整幅玻璃的色泽应均匀一致不得有污染和镀膜损坏；每平方米玻璃的表面质量，不允许明显划伤和长度大于 100mm 的轻微划伤；长度 ≤ 100mm 的轻微划伤，不得超过 8 条；擦伤总面积不得超过 500mm^2 。

参照标准：GB50210-2001。

9. 建议室内环境检测

验收标准：民用建筑工程验收时，必须进行室内环境污染物浓度检测，其限量应符合表 6.0.4 的标准。室内环境质量验收不合格的民用建筑工程，严禁投入使用。

参照标准：GB 50325-2010

六、参编人员

参编人	单位	签字
检测人	苏州宜居工程质量检测有限公司	×××
校核人	苏州宜居工程质量检测有限公司	×××
审批人	苏州宜居工程质量检测有限公司	×××

××××××14-1706室内部分问题照片

进户门门框掉漆

门镜安装不方正

厨房推拉窗缺限位装置

北次卧室窗扇玻璃划痕

主卧室门扇闭合后松动

厨房墙砖填缝不到位

小贴士

1. 验房后，有没有报告呢？什么时间出？

答：我们是正规的专业第三方验房机构，我们会出具正规的正副两本验房报告。正常情况下，验房后____个工作日您可以收到报告。（排除节假日、快递等因素）

2. 你们报告有法律效应吗？

答：我们验收是参照国家规范和地方规范进行房屋检测。如果验收下来，发现房子有结构性问题，需要打官司的话，那么我们报告在法庭上可以作为一个第三方专家证词。

什么是验房的大问题？

比如说房子出现结构性裂缝、贯穿性裂缝，结构性歪斜。

3. 开发商会不会不认可你们的报告？

答：我们房屋查验的标准是参考国家及地方的规范，是站在客观、公平、公正的立场验收房屋，不夸大、不隐瞒事实问题，开发商对规范认可，一般情况下对验房报告也会认可。

4. 开发商拿到验房报告，他们会不会不给我们维修？

答：是这样的：房屋在建造过程中，开发商只是开发单位，开发商通过招标形式确定设计、监理、施工等单位。通常情况开发商在签订合同的时候，约定相关的质量问题。某（先生、女士），您的验房报告交给开发商，开发商先确定问题，再联系各个施工企业进行整改。

如果，开发企业最后不给您整改，您可以找第三方维修，产生的维修费用可以通过法律途径让开发企业承担，但是有一定的法律流程。

5. 你们验房时，工程师能不能现场出报告？

答：我们正式的报告是以 word 打印文本，而且是正副两本；公司对于验房报告有严格的审核流程，以客观、公平、公正的态度反应房屋质量问题，我们的严格的审核流程是对公司品牌负责，更是对业主您负责。

如果业主需要现场出报告，可以提醒业主现场对工程师报告记录拍照，但不作为正式文本使用。

第五部分　智能家居的查验

12　智能家居的查验

随着住宅科技的日新月异，验房也增加了一些智能家居的内容。下面简要介绍新风系统、地源热泵、智能家居的查验。

12.1　新风系统的功能及查验

新风系统是一种通风换气的设备，主要功能就是把室内的污染空气排到室外，同时把室外的新鲜空气送入室内，应用在居家生活中我们称之为家用新风系统。

新风系统的查验：

（1）首先根据楼盘使用的新风系统查看，属于单户运行系统还是集体运行系统。

（2）查看图纸针对图纸说明进行比对，设备的系列型号是否按图施工。

（3）进风回风走向是否布局合理，有没有按图施工。

（4）设备安装是牢固、配电是否合理（按照功率配套电缆配电开关）有无变形掉漆损伤情况，有无安全防护。

（5）风道安装是否严密，固定措施是否标准。

（6）有没有防噪声措施。

（7）试运行（管道是否畅通，噪声是符合标准，点烟或者报纸实验换新风是否迅速，效果良好为合格）。

12.2　地源热泵空调的查验

地源热泵（Ground-sourceheatpump）是一种利用地下浅层地热资源，既可供热又可制冷的高效节能空调系统。地源热泵通过输入少量的高品位能源（如电能），实现低温热源向高温热源的转移。

地源热泵系统的查验：

（1）查看图纸，按照图纸设计查看安装布局，如果有与现场安装不符之处应当提出质疑，记录到报告中。

（2）依据图纸查看设备配套设施，系列型号是否相符，有不符之处应当记录到报告中，并注明位置。

（3）查看主机安装情况有无变形缺损安装不牢之处，如果发现应当记录到报告中，并注明位置。

（4）查看支管安装是否牢固，有无破损折痕、划伤情况，如果发现应当记录到报告中，并注明位置。

（5）查看毛细管道是否有折痕破损，调试时应当抽检触摸，查验毛细管温差，判断是否有堵塞情况，如果有应当记录到报告中，并注明位置。

（6）查看机房配套用电、电缆线、配电箱以及应急防护措施，如有安全隐患应当记录到报告中，并注明位置。

12.3 智能家居的查验

在国外，智能网络家居常被称为“smart home”。现在已有不少地方，如加拿大、澳大利亚等地开发了这种智能网络家居社区。这些社区不仅缩短了人们物理上的距离，而且给用户带来了许多方便。在我国，智能住宅小区是未来的发展方向，将通过提高科技含量来提高住宅的功能质量。

验房师在查验时要注意，没有学习过、没有通过实践的智能化设备不要去调试查验。

智能家居的查验：

（1）依据购房合同约定配比图纸，查看合同约定配套是否到位。

（2）查看各个配套智能家居的感官质量，以及安装质量。

（3）针对毛坯房只是预留点位，局部未穿线或者未安装终端设备。

（4）精装房智能家居配套完善但是存在未开通情况。

（5）别墅智能家居配套较多，针对可视对讲、烟感联动、消防应急、室内安防、车库门窗、灯光空调、均可通过网络化控制。针对期房或者现房，因为还没有开通，无法调试，或者是开通了无线网络，因为网速不稳无法调试（先查验感官安装部分，有无磕碰损伤，缺少配件；调试查验前先阅读说明书，逐步调试，最好是专业工程师在场，避免出现调试不当造成损失无法收场）。

第六部分　常见质量问题

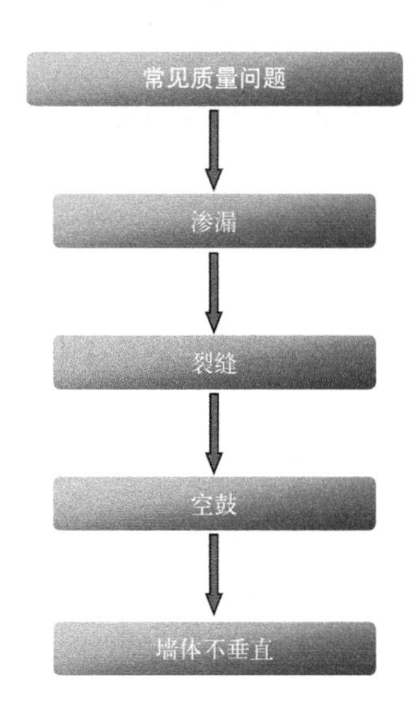

13　验房常见问题

根据《中国房地产质量信息监测报告》，2014 年第 3 季度监测到全国各大新闻媒体普遍关注的 69 家房地产开发企业共 79 个交房项目，其中全国百强开发企业 13 家，涉及项目 23 个（表 13-1）。

监测结果显示，2014 年第 3 季度中国房地产质量问题主要集中表现在渗水、交房、精装修、开裂、虚假宣传、服务态度、设计缺陷、空鼓问题、维修质量、配套设施、墙体不垂直和绿化质量等 12 个方面。

2014 年第 3 季度监测结果显示，中国质量问题主要集中表现在图 13-1 所示的 12 个问题。其中，渗水问题最为突出，出现概率达到 31.65%，是出现次数最多、涉及开发企业最多的一大质量通病。第 3 季度正值雨季，南北方雨水多，渗水问题更容易显现。

交房过程中也存在种种问题，如延期交房、要求业主先签收再交房、未通过验收即交房、手续不全等等，交房问题出现概率达 26.58%，已成为房地产服务质量中不可忽视的问题。

精装修问题占到了 24.5%，集中体现在观感类和功能类两大问题，主要表现在用料不合格和做工粗糙，直接影响业主后期居住舒适性和实用性，业主在交房时普遍较为关注。

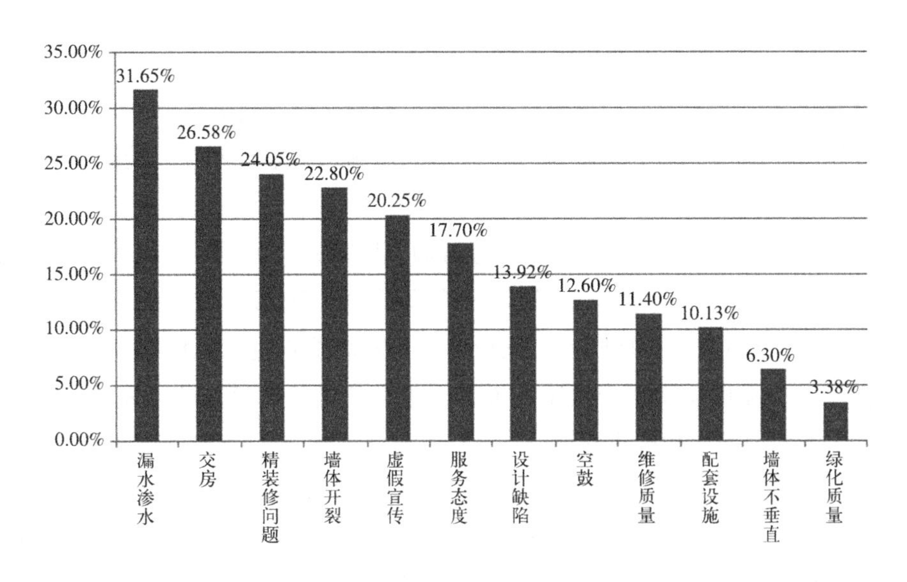

主要质量问题分布

有 22.8% 的项目出现开裂，如招商地产紫金山一号项目有业主反映每个房屋的墙体、地面有许多不规则的裂缝，客厅中部有由南向北的裂缝；朗诗集团钟山绿郡项目出现交房不足两年墙体开裂，裂缝从墙面延伸至地面；江苏宝润置地王子公馆楼板存在贯穿性裂缝，地面裂缝长达 3.8m……开裂问题已成为一项值得关注的质量通病。

虚假宣传问题占到 20.25%，主要表现在擅自改变设计图、承诺绿地变停车场、公摊面积改变、承诺配套实施未兑现等实际施工与宣传内容不符现象较为普遍。

服务态度问题占 17.7%，主要体现在开发商对住房出现问题避而不管、业主维权无回应等问题。

13.92% 的项目出现了设计缺陷，具体表现为配套设施安装不合理、不符合消费者正常使用习惯，属于项目开发前期质量问题。

11.4% 的项目出现空鼓问题，如多个项目出现墙面大面积空鼓，墙地砖、木地板的空鼓、松动，板块铺贴出现空鼓情况不仅影响后期使用，而且整改较困难，尤其高处的墙砖出现空鼓，长时期使用有脱落伤人的风险。

质量问题经修改后仍存在问题的占到 11.4%，这称为维修质量问题，也不容忽视。

10.13% 的项目存在配套设施问题，如燃气不合格，交通不便，小区周边无超市、学校、医院等，均是普遍存在的配套设施不完备问题。

作为质量通病之一，墙体不垂直问题占到 6.3%，主要表现为：天花板、墙面与地面不垂直，阴阳角方正度和墙面垂直度偏差大，地面找平不到位等。

绿化质量问题占到 3.38%，主要表现为绿化率不足，影响社区观感及居住舒适度。

13.1　渗漏

1. 外墙渗漏、厨卫间的渗漏原因分析

外墙渗漏是因为混凝土墙或填充墙存在微小裂缝，高层建筑在风雨天气条件下，外墙承受较大风压，雨水在墙面流动缓慢，在风力作用下对墙面产生一定的渗透压力，遇到防水薄弱部位，雨水由外墙渗入室内。

（1）设计原因：①高层住宅多采用框剪结构。现时，外墙设计多为水泥空心砖结构，空心砖的构造使得灰缝难以饱满；②外墙装饰采用陶瓷面转时，面转背面无法填实，防水效果较差；③设计时未做外墙防水专项设计，对外墙防水也未作特别强调；④设计时采用铝合金推拉窗，高层建筑承受风压较大，雨水会从推拉窗缝隙吹入室内；⑤设计时未统一设置空调支架预埋件和排水孔。

（2）施工原因：①混凝土剪力墙养护难度较大，容易出现裂缝；②混凝土施工时振捣不好，为渗漏造成隐患；③砌筑填充墙时抢工期，一次砌筑高度过高，砂浆硬化沉实时将灰缝拉裂；④斜顶转挤砌不紧；⑤墙面洞口封堵不严；⑥高层建筑结构施工误差使得外墙抹灰层厚薄不均，薄处覆盖效果差，厚处抹灰层易开裂，亦影响放水效果；⑦门窗周围封堵不好；⑧分包商（如煤气）施工时在外墙上固定管线，破坏防水层；⑨穿墙管道周边密封不严。

（3）使用原因：①风吹日晒等自然原因使得外墙产生裂缝；②住户在外墙安装空调等设备时破坏了墙体防水层；③住户自行装修时破坏了防水层。

2. 验收标准

（1）厨卫间等有防水要求的地面，需进行 24 小时蓄水试验，蓄水高度不小于 20mm，蓄水后应无渗漏且排水顺畅；（参照 GB50209 － 2010）

（2）外墙墙面无渗漏，外窗窗台滴水线无爬水。（参照《建筑法》第六十条）

图 13.1-1　渗漏图片

3. 墙面渗漏维修建议

(1) 检查确定渗漏部位;

(2) 在外墙渗漏部位凿开,用防水材料分割封堵,确保墙面平整;

(3) 用防水胶涂刷墙面,重新做一次淋水试验,检查确定不再渗漏;

(4) 恢复外墙涂料;

(5) 恢复室内饰面层;

(6) 按标准要求保洁。

4. 地漏管周边渗漏维修建议

(1) 切除地漏周边饰面层,确保可施工面积;

(2) 凿除粉刷层至楼板结构层;

(3) 清理凿除面(下刷界面剂),(沿管件周边压 1cm × 1cm 凹槽);

(4) 细石混凝土找平层终凝后,内填密封膏(或嵌止水条);

(5) 满刷 1.5mm 厚 JS 防水涂料,重点处理管道井周边部位(本工序重点验收);

(6) 蓄水试验 24 小时,确定不渗不漏合格后方可进行下道工序;

(7) 恢复找平层、保护层;

(8) 恢复饰面层;

(9) 按标准要求保洁。

【案例 13.1】 北京顺义中粮祥云:楼顶都掀了,这房还漏水

徐先生于 2012 年 7 月在顺义国展附近的中粮祥云国际生活区购买了一套位于 14 层的顶楼 3 居室。2013 年 10 月底验收房屋时,徐先生发现屋顶有漏水的情况。"当时我跟陪同验房的开发商工作人员提了,也做了登记。"徐先生说,他本不想收房,"但工作人员说,不收房需要委托工程质量检测机构重新核验,证明房子质量有问题,程序特别麻烦。"

在对方做出了"马上修理、绝不影响入住"的承诺后,徐先生动摇了,"我当时想尽快入住,也不想惹这么多麻烦,便签名收了房。谁知收房之后麻烦更多。"

堵漏历程:越漏越重多次修缮没用

去年春节前,开发商协调建筑公司项目负责人胡先生,请工人在出现漏水情况的屋顶部位打了防水胶。春节过后,徐先生请来装修队开始装修。没多久他发现屋顶再度漏水,墙皮大块脱落,装修工作只好暂停。接到徐先生的投诉后,胡先生派防水公司将屋顶相应漏水位置挖开,进行了 3 次局部修缮。然而随着雨季到来,屋内漏水情况越来越严重。

徐先生咨询了一名专业做防水的人员,对方表示可能是楼顶防水层下的保温层泡了水,局部修理不管用。于是徐先生向开发商要求大面积维修。目前防水公司已经将徐先

生家近 $30m^2$ 面积的屋顶揭开，重新做了防水工作。

房屋现状

前天，记者随徐先生来到这套漏水房。进入屋内，一股发霉的潮气扑面而来。在北卧室及阳台屋顶仍有成片的漏水痕迹，部分渗水处还挂着水珠。墙上的壁纸已经泡花，屋顶裸露着黑色防水层。“屋顶最快需要连续一周晴天才能封上。”徐先生表示，他当初收房是为了尽快入住，现在非但不能入住还得倒贴钱，“我们一家子现在在外面租房，每月租金5千元多，还得还房贷。此外，因为房屋质量问题装修延期，我还得付给装修队误工费。实在后悔收房了！”

（来源：http：//news.hexun.com/2014-07-04/166330668.html，原文有删改。）

13.2 裂缝

1. 常见的墙体裂缝种类

按照裂缝位置分：

（1）房屋外墙的裂缝：①在墙体中呈现斜向裂缝，且裂缝走向凹陷处。②在建筑下部比较明显，由下向上发展，呈“八”字，倒“八”字、水平、竖缝。

（2）承重墙上的裂缝：①裂缝贯穿整个墙面且穿到背后，呈倾斜性。②在不同楼层墙体的同一位置均出现有方向、有规则的裂缝。

（3）楼板（地面和顶板）的裂缝：①呈对穿性的裂缝（与房屋横梁平行的裂缝）。按有关验收规范，裂缝允许在（0.3mm）范围内，但裂缝对结构的耐久性有不利影响。②受力裂缝：这种裂缝表现为墙角呈45°的裂缝或与横梁垂直的裂缝。裂缝往往不对穿，形状外宽内窄。

（4）结构梁底部的墙体（窗间墙），产生局部竖直裂缝。

（5）阳台、雨篷等悬挑结构板的裂缝：这种裂缝通常是整个贯穿。大家都应该知道如果阳台和其他悬空的结构板出现裂缝，后果是很严重的。

以上是比较严重的裂缝情况，不过这种裂缝不多见。

按照装饰层 - 结构层分：

（1）表面乳胶漆裂缝、壁纸裂缝：表面装饰层没有干透就遭遇温度、湿度变化，乳胶漆壁纸会出现裂缝。

（2）腻子找平层裂缝：基层有浮灰油污，找平层没有干透就遭遇温度、湿度变化，腻子会出现裂缝。

（3）水泥砂浆抹灰层裂缝：如果抹灰层和墙体基体黏合不紧密则会导致抹灰层空鼓、掉粉，造成墙体开裂；

（4）接缝处裂缝：钢筋混凝土剪力墙与陶粒砖（空心砖）接缝处；钢筋混凝土梁与陶粒砖（空心砖）接缝处；后堵砌的门口处；石膏板隔墙与原有墙体接缝处；受周边环境或

者外力影响，石膏板、预制隔墙板和预制楼板会出现材料收缩或位置变动，这种原因会导致接缝处出现裂缝，一般为垂直缝或者水平缝。

（5）结构性裂缝：结构性裂缝是由房屋主体结构引起的基体（水泥浇筑墙体）开裂、上部荷载过大引起墙体裂缝、地基下沉（如果地基下沉严重则属于房屋质量问题）、施工洞未处理等造成的。

按照产生原因分：

（1）温度性裂缝：这种裂缝是墙体中最常见的，这种裂缝常见于不同材料的交接处，如圈梁和砖砌体交接处的水平裂缝。一般材料都有热胀冷缩的性能，房屋结构由于周围温度变化引起变形，不同材料的膨胀系数不一样，导致产生温度性的裂缝。这种裂缝，只影响房屋室内的外观，不会影响房屋的安全性，可适当采取一些补救措施：在裂缝处贴无纺布、安装钢板网片或用砂浆堵缝，再用涂料进行粉刷修补。

（2）地基不均匀沉降引起的裂缝：房屋在建成后，地基一般都会下沉。如果地基沉降不均匀，沉降大的部位与沉降小的部位发生相对位移，在墙体中产生剪力和拉力，当这种附加内力超过墙体本身的抗拉抗剪强度时，就会产生裂缝，且这些裂缝会随地基的不均匀沉降的增大而增大。这种裂缝一般成斜裂缝，且裂缝走向凹陷处。这种裂缝在建筑物下部比较明显，由下向上发展，呈“八”字，倒“八”字、水平、竖缝等。当长条形建筑物中部沉降过大，则在房屋两端由下往上呈“八”字形裂缝，且首先在窗角上突破；反之，当两端沉降过大时，则形成两端由下往上倒“八”字形裂缝，也首先在窗角上突破，也可在底层中部窗台处突破形成由上至下竖缝；当某一端下沉过大时，则在某端形成沉降端高的斜裂缝；当纵横墙交点处沉降过大，刚在窗台下角形成上宽下窄的竖缝，有时还有沿窗台下角的水平缝；当纵横墙凹凸设计时，由于一侧的不均匀沉降，还可导致产生水平推力而形成力偶，从而导致交接处的竖缝。

（3）结构设计有差错，由于计算荷载时有遗漏，构造不合理造成结构不合理而引起的裂缝。

（4）砌体施工质量差，墙体砌筑时灰缝不饱满，厚度不均匀，组砌方式不符合要求等，砌筑砖墙时，未对砖块湿水，采用干砖上墙等都会降低砌体承载力，使墙体日后出现裂缝。

（5）在实际生活中经常因为在房屋建成后埋设各种管线穿过墙体，破坏墙体整体性，减少了墙体载面面积，削弱了墙体承载力，从而引起墙体裂缝。

（6）改变房屋用途，加大使用荷载或增加振动力，从而使墙体受到破坏，引起墙体裂缝。

2. 判断裂缝种类

从外观上判断：

（1）结构性裂缝往往是不规则的；

（2）接缝处裂缝则多是上下垂直或者水平的直缝；

（3）裂缝如果呈放射状说明是抹灰层裂缝；

（4）墙体表面漆膜或壁纸的龟裂则属于是装饰层裂缝。

刮开面层判断：

（1）如果还是无法判断裂缝种类，可以先刮开墙面进一步检查，仅漆膜开裂，那就是装饰层裂缝；

（2）如果水泥砂浆空鼓、粉砂，说明是抹灰层裂缝；

（3）刮开开裂的腻子层后，如果看见板缝，说明是接缝处开裂；

（4）如果墙体基体也出现了开裂则属于是结构性开裂。

3. 新房与老房相比，出现裂缝的部位和原因有所不同

老房出现抹灰层开裂的比较多：

现在的房屋抹灰层都是水泥沙浆，与墙体基层的黏合比较紧密，而老房抹灰层多是石灰或者沙灰沙浆，这两种材料的黏合度不强，抹灰层容易出现空鼓、掉渣，从而造成墙体开裂。

新房出现空心砖墙体裂缝比较多：

老房大多数采用砖混结构——砖墙或砖柱、钢筋混凝土楼板和屋顶承重构件作为主要承重结构的建筑，这是住宅建设中建造量最大、采用最普遍的结构类型。

新房采用钢筋混凝土结构——主要承重构件包括梁、板、柱全部采用钢筋混凝土结构，此类结构类型主要用于大型公共建筑、工业建筑和高层住宅。钢筋混凝土建筑里又有框架结构、框架—剪力墙结构、框—筒结构等。目前 25 ~ 30 层左右的高层住宅通常采用框架—剪力墙结构。间隔墙采用空心砖砌筑，空心砖墙体裂缝问题较为突出。

4. 水泥砂浆抹灰墙面裂缝产生的主要原因

水泥砂浆收缩是引起墙面裂缝最常见的因素之一，它主要包括化学减缩、干燥收缩、自收缩、温度收缩及塑性收缩。每种收缩都有其自身特点，在引起抹灰墙面开裂时表现各不相同。

（1）化学减缩，又称水化收缩。水泥水化会产生水化热，使固相体积增加，但水泥 - 水体系的绝对体积减小。所有胶凝材料水化后都有这种减缩作用。大部分硅酸盐水泥浆体完全水化后体积减缩量为 7% ~ 9%，在硬化前，抹灰砂浆水化所增加的固相体积填充原来被水所占据的空间，使水泥石密实，而宏观体积减缩；硬化后的抹灰砂浆宏观体积不变，而水泥 - 水体系减缩后形成许多毛细孔缝，影响了抹灰砂浆的性能；

（2）干燥收缩是指抹灰砂浆停止养护后，在不饱和空气中失去内部毛细孔和凝胶孔的吸附水而发生的不可逆收缩；

（3）自收缩是指抹灰砂浆初凝后，水泥继续水化，在没有外界水分补充的情况下，抹灰砂浆因自干燥作用产生负压引起的宏观体积减小。自收缩从初凝开始，主要发生在早期；

（4）抹灰砂浆的温度收缩又称冷缩，是抹灰砂浆内部由于水泥水化温度升高，最后又冷却到环境温度时产生的收缩。温度收缩的大小与热膨胀系数、抹灰砂浆内部最高温度和降温速率等因素有关；

（5）抹灰砂浆的塑性收缩是指抹灰砂浆硬化前由于表面的水分蒸发速度大于内部从上至下的泌水速度，而发生塑性干燥收缩。抹灰砂浆表面发生塑性干缩受时间、温度、相对湿度及抹灰砂浆自身泌水特征的影响。一旦抹灰砂浆具有一定的强度，不能通过塑性流动来适应塑性收缩，此时就会发生塑性收缩开裂，抹灰砂浆的塑性收缩缝，无论是否可见，都会影响抹灰砂浆的耐久性。由于水泥砂浆的这些收缩，产生了强度增长周期短（主要强度在 10 多个小时便已完成）与体积收缩周期长（几个月甚至上百天，收缩率为 8% ~ 10%）的矛盾，将使抹灰墙体中产生拉应力，当拉应力超过水泥砂浆的抗拉强度时，就会出现裂缝。

5. 空心砖墙体裂缝原因分析

目前，施工中常用的墙体空心砌体有烧结空心砖（即泥土烧结红砖）和水泥砂浆空心砖（即碎石屑掺水泥蒸养砖）两种，采用这两种薄壁大孔砌块作为填充墙体材料的主要优点是节约土地资源和减轻墙体荷载。

但是，通过多年的使用观察表明多孔砖墙体裂缝问题较为突出，这种裂缝现象在粉刷完成后更为明显，甚至在交工验收后的工程质量回访中还时有发现。

以某市商城三幢高层商住楼为例，裂缝主要表现在以下几个方面：①混凝土柱与砌体交接处出现竖向裂缝，严重者自楼面贯通梁底，墙体两面对称出现；②混凝土梁底面与砌体交接处出现水平裂缝，严重者贯通墙体两面；③部分填充中间部位出现水平及竖向裂缝；④墙面不规则裂缝，且有空鼓现象。

上述前 3 种为墙体裂缝，第 4 种为抹灰裂缝。在其他框架建筑的外填充墙上还常见到温度裂缝，如建筑物顶层两端及门窗洞口处的八字裂缝，底层墙体窗台下的不规则裂缝等。

对该商住楼的内填充墙裂缝进行了调查，鉴定裂缝产生的主要原因为：

①单排通孔小砌块填充墙的抗拉、抗剪强度偏低：通孔小砌块的空心率约为 45%，是薄壁大孔构件，其水平灰缝的砂浆结合面小；竖缝的砂浆饱满度差，施工时仍采用普通黏土砖砌筑砂浆则无法满足小砌块砌筑强度要求。尤其在非承重的小砌块填充墙中，墙体自重产生的竖向压应力很小，更降低了墙体的抗剪、抗拉强度。当小砌块填充墙体内产生较大的拉应力时则造成墙体裂缝。

②填充墙体与混凝土柱连接措施不当：室内混凝土柱与砌体交接处的小型空心砌块随干燥产生较大的收缩应力，当墙、柱结合处连接薄弱时，即在结合处出现竖向裂缝；当连接强度较高时，则可能在墙体中部产生竖向裂缝。

③填充墙顶与混凝土梁、板间未顶紧：混凝土梁底与填充墙顶结合处出现水平贯通裂缝，主要是因为填充墙顶与梁底结合不实，砌体干燥产生收缩，使墙顶下沉，从而在梁底产生水平裂缝。

④小型空心砌块有较大干缩变形：如烧结黏土多孔砖对温湿度的敏感性大，其收缩范围为（2～3.5）$\times 10^{-4}$，且28天龄期时干缩才完成40%，后期会继续干缩，尤其是湿胀后会产生新的收缩。该商住楼需用砌块量较大，部分砌块未到28天龄期即运到工地上墙，且砌块强度等级仅为MU2.5；砌筑后必然产生较大的干缩，从而引起墙体较多裂缝。

⑤施工质量原因：部分室内填充墙中间部位出现水平或竖向裂缝，是由于施工时在填充墙上留有门洞，后期进行封堵时原先砌体与后砌砌体收缩变形不同所致；也有的是因为砌块干缩大，裂缝在沿砌块周围砌筑砂浆最薄弱的部位产生。

6. 验收标准

距检查面1m处正视不裂缝和爆灰。（参照江苏省住宅工程质量分户验收规程DGJ32TJ103-2010及GB50210-2001和GB50204-2015）

图13.2　裂缝图片

7. 维修建议

（1）正常的温度缝或裂纹沿裂缝方向，以裂缝为中心，宽度30cm用切割机切开；

（2）凿除切开的粉刷层或找平层；

（3）裂缝切开部位清理干净；

（4）在裂缝部位铺设钢丝网或纤维网；

（5）在第一层刮糙未凝结时，将玻纤网或钢丝网片压入刮糙层中，钢丝网片建议采用1cm×1cm网格，不宜采用网格间距太密的钢丝网片（本工序重点验收）；

（6）重新配置水泥砂浆分层粉刷到位、浇水养护到位；

（7）重新批腻子（分两遍），待干燥后打磨；

（8）按标准要求保洁。

备注：（若用切割机切割，应避免切到墙内预埋线管）

（注、如结构性贯穿裂缝：要求原设计单位出具加固方案，由有资质的加固公司进行加固。①已裂缝为中心宽1m左右，上下清理干净；②用环氧树脂灌缝；③干燥后在现浇板的下方用碳纤维进行黏贴加固。）

【案例13.2】　　新房天花板和地面出现17条裂缝

"交房的时候，主卧天花板有一条贯穿性裂缝，开发商一直修到现在。主卧还没修好，次卧的天花板也裂了。开发商说，这都是因为热胀冷缩造成的。"这两天业主徐先生为房子的事情忙得焦头烂额，因为房子的多处裂缝，他开始担心房子的质量问题了。

搬进新家发现五条贯穿性裂缝

前年，徐先生在老余杭的永安·圆乡名筑买了套新房子，79m^2，总价80万元。"看样板房的时候老婆可高兴了，说家里那么多东西终于可以分门别类放整齐了。"徐先生说。

去年年底，房子终于交付了。"收房的时候，我没有找专业验房师，就自己看了看，墙壁、天花板都有敲过，没发现什么问题。"由于租房协议就快到期，徐先生连新年都没好好过，抓紧一切时间进行装修，3个月时间就搬进了新房。

"问题是在装修时陆续发现的。做吊顶的工人看到天花板上有裂缝。我一开始都没在意，可后来越来越厉害了。"住进新家才一个多月，今年5月份的时候，徐先生在主卧和客厅一共发现了5条贯穿性裂缝，"我马上找来开发商，要求维修。"

为了方便维修，徐先生搬出了主卧，一家子躲进了次卧。"开发商也承认问题，给了3万多元的补偿。"明明有了79m^{2}的新房，徐先生却依然和住在出租房一样，活动范围，只有小小的一个次卧。

老裂缝还没好新裂缝来袭

很快，开发商工程部的人员开始入驻徐先生家进行裂缝修补，这专业人士一出马，立刻发现了更多的问题，徐先生家的裂缝多达17条，裂缝在0.3～2m之间，天花板上有5条贯穿性裂缝，已经影响到楼上住户的地板。

"老裂缝还没全部修补好，我现在住的次卧天花板，又多了一条裂缝。"徐先生说，由于家里裂缝多，他不自觉地养成了一个习惯，在家的时候，眼睛总喜欢盯着墙壁、天花板，四处寻找隐藏的裂缝，"前几天躺在床上看天花板，怎么看都觉得不对，拿着手电筒一照，果然多了一条新裂缝。"

（来源：http：//news.ifeng.com/a/20140801/41396495_0.shtml，原文有删改。）

13.3　空鼓

1. 空鼓形成的原因

空鼓是由于原砌体和粉灰层中存在空气引起的，检测的时候，用空鼓锤或硬物轻敲抹灰层及找平层发出咚咚声为空鼓。

房屋质量中的“空鼓”一般是指房屋的地面、墙面、顶棚装修层（抹灰或粘贴面砖）与结构层（混凝土或砖墙）之间因粘贴、结合不牢实而出现的空鼓现象，俗称“两层皮”。

（1）墙体基层抹灰不标准

墙体基层抹灰没按要求处理或基层垃圾没清理干净。瓷砖铺贴前应检查墙体基层抹灰是否符合要求，墙面基层杂物、灰尘和必须清除干净；铺贴时将瓷砖背面满抹的水泥混合砂浆或107水泥浆并用锤柄或软体锤轻敲瓷砖，使水泥浆挤满瓷砖背面，然后用力按压，使瓷砖与墙面基层牢固结合。

（2）铺贴前没浸水

铺贴前没浸水或浸泡不够。瓷砖（特别是釉面砖）在铺帖前应用水浸泡2小时以上，让瓷砖充分吸水后，取出阴干或擦净明水。如果砖体水分没饱和，就会过早吸收砂浆中的水分，导致砂浆收缩出现空鼓，还会影响粘贴强度。

（3）砖铺贴时砂浆不饱满

瓷砖铺贴时砂浆不饱满或未将瓷砖轻轻敲打挤压密实。这是种情况不是偷工就是减料：为了节省水泥砂浆，或是为了节约时间马虎了事。还有另一种情况那多发生在包工包料时，那就是瓷砖质量太差，怕夯实时把瓷砖敲碎了。

2. 空鼓的分类及危害

（1）房子的顶棚空鼓

根据《江苏省住宅工程质量分户验收规程》第5.2.1.2条“质量要求：顶棚抹灰面层与基层之间必须粘结牢固，无空鼓”。由此可见，顶棚是不准许空鼓出现的。

危害：

根据《建筑装饰装修工程质量验收规范》GB50210-2001第4.1.12条“经调研发现，混凝土（包括预制混凝土）顶棚基体抹灰，由于各种因素的影响，抹灰层脱落的质量事故时有发生，严重危及人身安全，引起了有关部门的重视，如北京市为解决混凝土顶棚基体表面抹灰层脱落的质量问题，要求各建筑施工单位，不得在混凝土顶棚基体表面抹灰，用腻子找平即可，5年来取得了良好的效果。”

（2）房子的墙面空鼓

房屋的墙面空鼓根据《建筑装饰装修工程质量验收规范》GB50210-2001第4.2.5条“抹灰层应无脱层、空鼓，面层应无爆灰和裂缝”。

危害：

墙面刮腻子后做乳胶漆，会出现墙面开裂，严重的可以脱落，最低是不美观的。花了几万或十几万装修的漂亮的新房到处开裂，效果可想而知。

贴墙砖的墙面会出现，墙砖开裂、脱落现象的发生。很美观的瓷砖墙面，有开裂的和不匀称的脱落，该是啥样的效果是可想而知的。

（3）房屋的地面空鼓

房屋的地面空鼓根据《建筑装饰装修工程质量验收规范》GB50209-2010“面层与下一层应结合牢固，无空鼓、裂纹”。注：空鼓面积不应大于 400cm^2，且每自然间（标准间）不多于 2 处可不计。

危害：

铺实木地板的要有木龙骨，空鼓的方是不好固定木龙骨的，它固定不好，地板就会是活动，影响效果。

铺地砖的地方，由于地面是空的，地下要经常踩踏，时间长了，地砖会掉下来的。

3. 验收标准

楼地面空鼓面积不超过 400cm^2。（参照地方性验收规范）

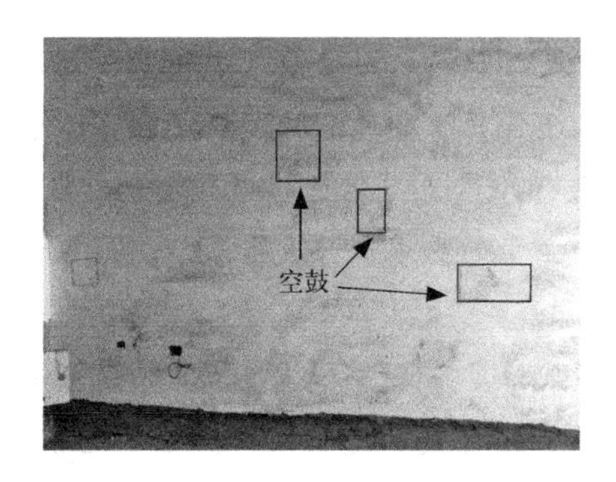

图 13.3　空鼓图片

4. 维修建议

（1）沿墙地面空鼓的范围用切割机切开；

（2）切除空鼓粉刷层或找平层；

（3）确定切除周边无空鼓后把空鼓切除部位清理干净并刷胶水；

（4）提前浇水湿润；

（5）重新配置水泥砂浆分层粉刷到位；

（6）经常浇水养护到位；

（7）清理表层分二至三遍重新批腻子；

（8）待腻子干燥后打磨平整；

（9）按标准要求保洁。

【案例 13.3】　　市民投诉：新房墙体存在 70 多处空鼓

12 月 11 日讯拿到新房本是件开心的事，可近日市民滕先生反映称，去年 12 月他在永隆城市广场购买了翰景苑 5 号楼的房子，11 月 28 日拿到新房钥匙，可在验房时发现墙体空鼓多达 70 多处，有的还存在轻微开裂现象。“这还没装修呢，要是装修了空鼓肯定有影响，我们还能住得安全吗？”为此，滕先生希望开发商进行维修，还要求补偿经济损失。

8日下午，记者跟随滕先生来到永隆翰景苑5号楼的新房。刚进门，记者就看到墙体上有许多粉笔圈出的大小圆圈，且标上了序号。滕先生介绍，房屋面积120m^{2}左右，这些圆圈都是他发现墙体的空鼓具体位置，初步计算了一下空鼓有70多处。

在现场记者还看到，除了大面积墙体出现空鼓，墙面有钢筋外露、外部阳台墙角有破损等情况。为此，滕先生表示，除了要求开发商对墙体空鼓等情况进行维修，也要求赔偿部分损失，减免其三年的物业费。

随后，楼盘承建方及镇江新区城乡建设局等相关人员到了现场。该局工作人员刘女士介绍，按照相关规定，面积不大于400cm^{2}墙面空鼓是允许的，如果超过范围的，滕先生可以向开发商、承建方等提出维修要求。

承建方陈先生介绍，造成空鼓的原因通常是水泥和砂浆在经历热胀冷缩反应后出现的。不管是哪家开发商，都不能保证100%不出现空鼓。对于滕先生遇到的情况，他表示，会尽快安排维修人员进行维修，当空鼓超出范围的，将对整个墙体进行重新施工。而对滕先生提出的免三年物业费的要求，开发商表示，他承诺对房屋墙体空鼓等情况进行维修，但拒绝进行经济赔偿。

昨天下午，记者就此事采访了上海首融律师事务所陈秋言律师。她认为，对于房屋存在质量情况，滕先生有权要求开发商进行维修和经济赔偿，但是具体赔偿数额多少，还需要双方进一步协商。

（来源：http：//jsnews.jschina.com.cn/system/2014/12/11/022902676.shtml）

13.4　墙体不垂直

1. 验收标准

垂直度允许误差4mm，表面平整度允许误差4mm，阴阳角方正允许误差4mm（参照GB50210—2001　4.2.11）。

图13.4　测量垂直度平整度图片

2. 维修建议

（1）偏差在 1cm 以内墙面；

（2）打毛问题墙面的粉刷层；

（3）重新做灰饼；

（4）厚度超过 2cm 的粉刷层，在中间要求设置钢丝网或纤维网与墙面基层固定；

（5）配置水泥砂浆分层粉刷到位；

（6）浇水养护到位（超过 3cm 的平整度偏差，要求根据现场的情况，制定专项的施工方案）。

【案例 13.4】　　40 万元的阁楼到底算不算我的

如今，不少改善型购房者更加注重居住的环境和品质，“花园电梯洋房”概念的营销恰好符合了这部分购房者的心理预期。本期小 8“你房我来验”栏目就跟随宜居验房的李师傅来到吴中区尹山湖畔九龙仓碧堤花园的一处花园洋房验房。

据介绍，本期验房业主谭女士的新房建筑面积约 123m^2 的毛坯房单价超过了 16000 元 /m^2，比楼下标准层的均价 13000 元高出了很多。“2013 年下半年，我购买时总价在 200 万元左右，当时就是看中了开发商说顶楼赠送阁楼，”谭女士表示，“说赠送的，实际上羊毛出在羊身上，我们顶楼建筑面积比楼下一层少了 20m^2 左右、总价反而贵了 14 万元多，一来一去，阁楼相当于花 40 万买的。”而最让谭女士揪心的，验房时发现开发商似乎并不准备把阁楼“赠送”给自己。

墙体地面多处开裂　维修不规范

据了解，谭女士的新房目前处于交房阶段。小 8 跟随业主来到洋房顶楼，验房师李师傅从入户大门开始，仔细检查了进户门以及密封性，发现门扇闭合松动，内部的保险锁使用起来不灵活。最明显的是门框与墙面水平误差超过了 10mm，李师傅建议业主在后期装修时要注意进户门成品保护。而谭女士家入户门跟隔壁邻居家门开启时会“打架”干涉，这让业主倍感郁闷，“这么大品牌开发商居然会犯这么低级的错误。”

来到客厅，李师傅用专业空鼓锤对房屋内墙体和地面的进行检测，发现在客厅、卧室、卫生间、阳台和书房都有很多空鼓和变形。而墙面开裂则是非常明显，李师傅现场指出，开发商对于室内墙面开裂的维修不规范，现场明显就能发现粗糙的修补痕迹。建议业主后期加强墙面基层砂浆强度处理，注意墙面有无起砂现象。

验出大小毛病 50 处　烟道垂直误差超 30mm

除了开裂问题较多之外，谭女士的新房还被检测出一些渗水和施工问题。最后，小 8 记者和李师傅跟随谭女士从阳台外部搭梯子进入阁楼，却发现阁楼内部一片混乱，根本没有进行清扫，阁楼地面上随处可见施工材料。李师傅在阁楼里验房花了整整一个半小时，多处的开裂和明显的水渍让业主大为震惊。在李师傅看来，阁楼的很多施工标准，比如窗台粉刷等工序都没做到位，明显跟楼下的施工标准不一样。

在本次验房中，宜居李师傅用专业检测仪发现了大大小小总计50处问题，涵盖空鼓、不平整、开裂、不垂直等多方面，涉及厨房、卫生间、客厅、卧室、阁楼等区域，比如，谭女士家厨房烟道不垂直，误差超过了30mm。李师傅说，“后期装修时，通过粉刷贴瓷砖要纠这么大误差非常难处理的”。

李师傅一再嘱咐业主，在后期要注意室内承重墙与填充墙墙体及梁边温度裂缝，下雨天要查看墙面及窗户边侧墙面有无渗水情况。

阁楼到底算谁的 顶楼业主疑虑重重

小8记者在现场看到，谭女士家阁楼大部分空间都低于2.2m，经过宜居李师傅的测算，大约有30多平方米空间层高在2.2m以上，其余部分只能作为储藏室使用。

虽处在交房阶段，但是谭女士却有很多亟待解决的疑问。其中，让谭女士最感到不解的还是阁楼归属问题，“当时，销售人员卖房时明确说阁楼是属于顶楼业主的，事实上，我们顶楼也是比楼下邻居多花了约40万元买到的，但现在交房了才发现，进阁楼的入口不在自己家里，竟然开在了户外楼梯间，也就是说将来装修时还得自己再重新开口才能进到自己阁楼里。”给阁楼重新开个入口倒不是最麻烦的事，让谭女士疑惑的是，“这是否意味着开发商不打算把阁楼‘赠送’给我们了？”

而让谭女士更揪心的是，11月上旬，从网上看到某报关于九龙仓园区时代上城项目的一篇报道《顶楼业主私占“公共阁楼”引不满》。“这篇报道里说顶楼的业主是私占了公共空间，那我们的阁楼是不是跟时代上城那边同样的情形？如果一样的，那我们岂不是被开发商给坑惨了，明明是花了大价钱买的阁楼，怎么就成了‘公共空间’呢？”谭女士说。

“当时，开发商与我们签订的购房合同都是格式文本，一个字都不允许我们改动，开发商提供的购房合同里根本没提到阁楼，但我们总以为九龙仓这么大品牌开发商，不至于会坑人吧？”谭女士说，如今九龙仓园区时代上城就是因为顶楼阁楼归属问题被投诉，自己同为九龙仓项目的业主肯定是非常担忧的，必须要等搞清了阁楼的归属才敢收房了，而像她一样存有疑惑的碧堤花园顶楼业主据说不在少数。

（来源：http：//epaper.subaonet.com/csz8d/html/2014-12/31/content_309366.htm）

小贴士

1. 你们验收房子，依据什么规范?

答：我们验房子是依据您的购房合同、国家规范、地方性规范。

2. 卫生间漏水，能验吗?

答：渗水是验收中的一个重要验收项目。工程师会根据现场施工质量，查看卫生间顶部、下水管根部等部位是否漏水或存在渗水风险。

3. 对于业主咨询验房说，“房子现在没有水，能验吗”？

答：可以的，一般的新小区毛坯房是暂时都没有通水。工程师会在现场对厨房、卫生间等容易产生渗漏的部位进行专业、仔细查验。

4. 业主问：“你们不做24小时蓄水吗”？

答：蓄水试验不是单个行为，是需要楼上、楼下配合一起做，才能真正实现蓄水的目的。您家蓄水24小时候，应当是到楼下邻居家相同蓄水区位才查看是否有渗水迹象。

其实蓄水试验并不复杂，就是在蓄水区域蓄水：

高度：3cm　　　时间：24小时

对于地漏等部位，进行封堵（用保鲜膜灌入黄沙，放在地漏上面就可以实现堵漏）。

工程师也会向详细讲解如何做蓄水试验。

5. 什么是空鼓？有问题吗？

答：空鼓，是指墙体的结构层与构造层之间粘结得不牢固，它们之间有了分离起壳现象叫空鼓。

如果未检测出来，时间久了，会出现开裂风险，甚至造成墙面装修层脱落风险。

空鼓是房屋质量的通病，在我们验收的房屋中，基本也都出现该问题。

6. 我们房子有裂缝，是质量问题吗？

答：裂缝本身就是房屋质量问题。

裂缝：结构性，应力裂缝、构造性，表面性等，如果裂缝是结构性裂缝，在工程中算是比较大的质量问题。

7. 开发商：房屋的质量是政府验收的，竣工验收备案手续齐全（亮出相关手续），你找政府去。

答：政府部门只负责监督工程质量的有关各方主体（开发、设计、勘察、监理、施工）的行为，只负责程序监督。

8. 开发商：我们已经把工程交给物业了，有事找物业去。

答：购房合同是与开发商签的，不牵涉物业。

9. 先预交物业费，才给办理门禁卡和钥匙？

答：房屋质量符合合同约定，购房者才收房，收房之后才开始交物业费，如果房屋存在质量问题或开发商未完成合同约定施工工作或交房手续不齐全，购房者有权拒收房，先验收房屋合乎要求再交物业费。

附录

附录一　房地产相关概念

一、土地相关知识

1. 集体土地：是指农村集体所有的土地。

2. 土地的使用年限是如何确定的？凡与省市规划国土签订《土地使用权出让合同书》的用地，其土地使用年限按国家规定执行。即：居住用地七十年；工业用地五十年；教育、科技、文化、卫生、体育用地五十年；商业、旅游、娱乐用地四十年。

3. 土地使用权的出让：指国家以协议、招标、拍卖的方式将土地所有权在一定年限内出让给土地使用者，由使用者向国家支付土地使用权出让金的行为。

4. 土地使用权转让：是指土地使用者通过出售、交换、赠与和继承的方式将土地使用权再转移的行为。

5. 土地使用权划拨：是指政府无偿将土地拨发给使用者使用，一般没有使用期限的限制。以无偿划拨取得的土地使用权，其出让须经政府及土地管理部门同意，补交出让金后方可进行转让、出租和抵押。

6. 住宅用地：住宅用地是指住宅建筑基底占地及其四周合理间距内的用地，含宅间绿地和宅间小路等的总称。

7. 协议出让土地使用权：是指出让方与受让方（土地使用者）通过协商的方式有偿出让土地使用权。

8. 建筑基地：根据用地性质和使用权属确定的建筑工程项目的使用场地。

9. 道路红线：规划的城市道路用地的边界线。

10. 用地红线：各类建筑工程项目用地的使用权属范围的边界线。

11. 建筑控制线：有关法规或详细规划确定的建筑物、构筑物的基底位置不得超出的界线。

二、房产相关知识

1. 房地产（real estate）：是房产和地产的总称。是指土地及土地上的建筑物及附着物。

2. 房地产所有权（real estate title）：是指依照法律对土地加以利用和对房屋依法占有、使用、收益、处分的权利。

3. 房地产产权：权利人对土地的使用权和土地上的建筑物附着物的所有权，以及由上述权利的产生的他项权利。（如：抵押权等）

4. 期房：习惯上把尚未完成建设，不能交付使用的房屋成为期房，即消费者在购买时不能即买即可入住的商品房。期房是指开发商从取得商品房预售许可证开始至取得房地产权证（大产证）止，在这期间出售的商品房称为期房。开发商出售期房成为预售，消费者在这一阶段购买商品房时应与开发商签订预售合同。

5. 现房：现房是指通过竣工验收，可以交付使用，并取得房地产权房屋。购买现房签订的是房屋买卖合同，购房人可以立即办理产权登记手续，取得产权证。

6. 毛坯房：房地产商交付屋内只有门框没有门，墙面地面仅做基础处理而未做表面处理的房叫毛坯房。

7. 成品房：是指对墙面、天花板、门套、地板实行装修。（1）墙面为普通仿瓷涂料；（2）客厅楼地板为普通瓷砖；（3）普通铝合金窗；（4）普通胶合板门。

8. 商品房：是指在市场经济条件下通过出让方式，取得土地使用权后开发建设按市场价格出售的房屋。商品房根据其销售对象的不同，可以分为外销商品房和内销商品房两种。

9. 二手房：通常是指再次进行买卖交易的住房。个人购买的新竣工的商品房、经济适用住房及单位自建住房，办完产权证后，再次上市买卖，这些都称为二手房。

10. 普通住宅：是指按一般民用住宅标准造的居住用住宅，高级公寓、别墅、度假村等不属于普通住宅的范畴。

11. 公寓：是指二层以上供多户人家居住的楼房建筑。是相对于独院独户的西式别墅住宅而言的。一般建在大城市，大多数是高层大楼，标准较高，每一层内有若干单户独用的套房，包括卧室、起居室、客厅等，还有一部分附设于旅馆酒店内，供一些常常往来的中外客商及其家眷中短期使用。

12. 商住住宅：是 SOHO（居家办公）住宅观念的一种延伸，它属于住宅，但同时又融入写字楼的诸多硬件设施，尤其是网络功能的发达，使居住者在居住同时又能从事商业活动的住宅形式。

13. CBD：即 Central Business District（中央商务区），许多国际大都市都形成了相当规模的 CBD，如纽约的曼哈顿、东京的新宿、香港的中环。CBD 应具备以下特征：现代城市商务中心，汇聚世界众多知名企业，经济、金融、商业高度集中，众多最好的写字楼、商务酒店和娱乐中心，最完善便利的交通，最快捷的通信与昂贵的地价。

14. 跃层式商品房：跃层式住宅是近年来推广的一种新颖住宅建筑形式。这类住宅的特点是，内部空间借鉴了欧美小二楼独院住宅的设计手法，住宅占有上下两层楼面，卧室、起居室、客厅、卫生间、厨房及其他辅助用房可以分层布置，上下层之间的交通不通过公共楼梯而采用户内独用小楼梯连接。跃层式住宅的优点是每户都有二层或二层合一的采光面，即使朝向不好，也可通过增大采光面积弥补，通风较好，户内居住面积和辅助面积较大，布局紧凑，功能明确，相互干扰较小。上下两层只有一个出口，发生火灾时，人员不易疏散。

15. 复式商品房：复式住宅是受跃层式住宅启发而创造设计的一种经济型住宅。这类住宅在建造上仍每户占有上下两层，实际是在层高较高的一层楼中增建一个1.2米的夹层，两层合计的层高要大大低于跃层式住宅（复式为3.3m，而一般跃层为5.6m），复式住宅的下层供起居用，炊事、进餐、洗浴等，上层供休息睡眠和贮藏用，户内设多处入墙式壁柜和楼梯，中间楼板也即上层的地板。因此复式住宅具备了省地、省工、省料又实用的特点，特别适合子三代、四代同堂的大家庭居住，既满足了隔代人的相对独立，又达到了相互照应的目的。

16. 错层式住宅：是一套房子不处于同一平面，即房内的厅、卧、卫、厨、阳台处于几个高度不同的几个平面上。错层住宅的面积计算方法参照平面住宅面积计算。

17. SHOPPING MALL：直译为“步行街购物广场”，是目前国际上最流行、经营效果最佳的零售百货模式，它具有四大特征：开放性的公共休闲广场、强烈吸引人气；开放性的对外交通设计，广纳周边人气，相对闭合的内部通道回路，充分利用有效人流，购物与休闲良性互动，形成惊人的商业效应。

18. LOGO：即楼盘标识，楼盘独有的标志，多见于广告幅、旗、板牌以及外墙、售楼处。一般表现为图案、美术字、字母等。

19. 酒店式公寓：酒店式服务公寓的概念，始于1994年，意为“酒店式的服务，公寓式的管理”，市场定位很高。酒店式服务公寓是目前在北京尚不多见的物业类型。它是集住宅、酒店、会所多功能于一体的，具有“自用”和“投资”两大功效，是拥有私家产权的酒店。

20. 居住单元：是指一个单元里有几户。俗称：一梯两户、一梯四户等。

21. 阁楼：是指位于房屋坡屋顶下部的房间。

22. 框架结构住宅：是指以钢筋混凝土浇捣成承重梁柱，再用预制的加气混凝土、膨胀珍珠岩、浮石、蛭石、陶粒等轻质板材隔墙分户装配而成的住宅。

23. 土地使用年限届满后，该怎么办？房屋一经购买并取得产权后，即作为业主个人所有的财产，并无居住年限的限制，但对该房屋所占用范围内的土地来说，因为土地除属于集体所有的外，均属于国家所有。业主所取得的为该土地的一定年限的使用权。住宅用地的土地使用时间为50～70年，自开发商取得该土地使用证书之日起计算。在该土地使用年限届满后，土地将由国家收回。业主可以在继续交纳土地出让金或使用费的前提下，继续使用该土地。

24. 合作建房：是指以一方提供土地使用权，另一方或多方提供资金合作开发房地产的房地产开发形式。

25. 房屋产权：房屋产权是指房产的所有者按照国家法律规定所享有的权利，也就是房屋各项权益的总和，即房屋所有者对该房屋财产的占有、使用、收益和处分的权利。

26. 申办产权需具备哪些资料？审核后购销合同一份、收件收据、产权申请登记表、产权登记发证审批表、房屋所有权情况调查表、测量后的正式图纸。

27. 产权证书：产权证书是指“房屋所有权证”和“土地使用权证”。

28. 房地产权登记机关批准登记需要多长时间？申请房地产权初始登记的需要90日，申请转移登记的需要30日，申请抵押登记的需要15日，申请变更及其他登记的需要30日。

29. 未成年人是否可以作为权利人办理《房地产证》？未成年人可以作为权利人办理《房地产证》，但办理时须提交其监护关系证明和监护人身份证明，并在《房地产证》上备注其法定监护人姓名。由于未成年人为没有民事行为能力或限制民事行为能力的人，因此在处分该房地产时必须符合有关法律规定。

30. 什么样的房地产不可转让？（1）根据城市规划，市政府决定收回土地使用权的；（2）司法机关、行政机关依法裁定、决定查封或者以其他形式限制房地产权利的；（3）共有房地产，未经其他共有人书面同意的；（4）设定抵押权的房地产，未经抵押权人同意的；（5）权属有争议的；（6）法律、法规或市政府规定禁止转让的其他情形。

31.《商品房预售许可证》：《商品房预售许可证》是市、县、人民政府房地产管理部门向房地产开发公司颁发的一项证书，用以证明列入证书范围内的正在建设中的房屋已经可以预先出售给承购人。

32. 借款人如何偿还银行贷款？贷款期限在1年以上双方一般约定按等额本息还款法归还贷款，即借款人在借款期内每月以相等的月均还款额偿还银行贷款本金和利息。

33. 贷款期如遇利息调整，如何处理？根据人民银行的规定，贷款期间如遇国家调整利率，贷款期限在1年以内（含1年）的，实行合同利率，不分段计算；对一年期以上贷款，于下一年1月1日开始，按相应期限档次利率执行新利率。

34. 贷款人提前偿还贷款时，本息如何计算？借款人在提前归还贷款时，应提前10个工作日向贷款人提出书面申请，经贷款审核同意，贷款人可提前部分还本或提前清偿全部贷款本息，提前清偿的部分在以后期限不再计息，此前已计收贷款利息不作调整。

35. 银行按揭：按揭是英语“mortgage”（抵押）一词的粤语音译，因此，银行按揭的正确名称是购房抵押贷款，是购房者以所购房屋之产权作抵押，由银行先行支付房款给发展商，以后购房者按月向银行分期支付本息。

36. 个人住房按揭需提交哪些资料？购房身份证、户口簿、结婚证原件及复印件（若客户为未婚则提供户口所在地街办计生委出具的未婚证明原件）；购房人及其配偶所在工作单位出具工资收入证明（若干个体户则提供营业执照及税票）；购房人已首付购房款收据原件及复印件；已与开发公司签订的购房合同；在开户行开户的活期存折；贷款申请书、个人住房借款合同、借款借据、委托银行扣收购房还款协议书、住房抵押承诺书。

37. 等额本金还款法：等额本金还款法是一种计算非常简便，实用性很强的一处还款方式。基本算法原理是在还款期内按期等额归还本金，并同时还清当期未归还的本金所产生的利息。方式可以是按月还款和按季还款。

38. 公积金贷款：公积金贷款也就是个人住房担保委托贷款，是由城市住房资金管理中心及所属分中心运用房改资金委托银行向购买（含建造、大修）自住住房的公积金交存人和离退休职工发放的贷款。

39. 申请住房公积金贷款的条件：凡住房公积金连续缴存 6 个月以上或累计缴存公积金一年以上，并且目前仍在缴存公积金，才有资格申请。

40. 办理公积金贷款应提供哪些资料？身份证、户口簿、结婚证、收入证明、审核后购房合同一份，首付款票据。

41. 组合贷款：组合贷款是公积金贷款与商业贷款的合称。

42. 住房抵押贷款：所谓抵押贷款就是抵押人（购房者）向抵押权人（银行）以所购房产作贷款抵押，并同时签订抵押合同，以不转移所有权方式作为按期归还贷款的担保，并持公证的商品房预售合同向有关房产登记机关进行抵押登记，当抵押人按合同约定还清全部本息后，便可收回贷款的担保，并持经公证的商品房预售合同向有关房产登记机关进行抵押登记，当抵押人按合同约定还清全部本息后，便可收回“房屋所有权证”与“土地使用证”。

43. 以房地产抵押向银行贷款，是否一定要办理登记？以房地产作为抵押物向银行贷款，一定要到房地产登记部门办理抵押登记手续，根据《中华人民共和国担保法》的规定，抵押合同自登记之日起生效，所以只有办理了抵押登记，抵押合同才有法律效力。

44. 商品房的起价：是指商品房在销售时各楼层销售价格中的最低价格。

45. 商品房的均价：是指商品房的销售价格相加以后的和除以单位建筑面积的和，即得出每平方米的价格。

46. 订金：只是预付款的一部分，起不到担保债权的作用，在开发商违约不签订合同的情况下，无法得到双倍的返还。

定金：定金是在合同订立或在履行之前支付的一定数额的金钱或替代物作为担保的担保方式。给付定金方不履行合同义务的，无权请求返还定金；接受定金方不履行合同义务的，双倍返还定金。

47. 均价：均价是指将各单位的销售价格相加之后的和数除以单位建筑面积的和数，即得出每平方米的均价。

48. 公共维修基金：公共维修基金是指住宅楼房的公共部位和共用设施、设备的维修养护基金。商品房的公共维修基金由购房人在购房时交纳，比例为购房款的 2%-3%。

49. 房地产开发商预售商品房地产时应符合什么条件？土地使用权已经依法登记，取得房地产权利证书；规划证、取得《建筑许可证》《开工许可证》《房地产预售许可证》。

50. 商品房的结构：售房的楼书常见用语，房屋架构可分为砖混结构、砖木结构和钢筋混凝土结构。

51. 砖混结构：主要是砖墙承重，部分是钢盘混凝土承重的结构。

52. 砖木结构：主要承重构件是由用砖和木两种材料制成的结构。

53. 钢筋混凝土结构：主要承重构件是由钢筋和混凝土制成的结构。

54. 庭院、绿化面积：指小区内集中绿化带、小公园、住宅间集中种植花木、草地、假山、花架、水榭、水池，以及公共活动场所等为小区所有居住人员共同使用权的绿化面积的总和。

55. 总建筑面积（平方米）：指小区内住宅、公共建筑、人防地下室面积总和。

56. 套内建筑面积：房屋按套（单元）计算的建筑面积为套（单元）门内范围的建筑面积，包括套（单元）内的使用面积、墙体面积及阳台面积。

57. 套内墙体面积：是套内使用空间周围的维护或承重墙体或其他承重支撑体所占的面积，其中各套之间的分隔墙和套与公共建筑空间的分割以及外墙（包括山墙）等共有墙，均按水平投影面积的一半计入套内墙体面积。套内自由墙体按水平投影面积全部计入套内墙体面积。

58. 公用建筑面积：公用建筑面积不包括任何作为独立使用空间租、售的地下室、车棚等面积，作为人防工程的地下室也不计入公用建筑面积。一般公用建筑面积按以下方法计算：整栋建筑物的面积扣除整栋建筑物各套（单元）套内建筑面积之和，并扣除已作为独立使用空间销售或出租的地下室、车棚及人防工程等建筑面积，为整栋建筑的公用建筑面积。

59. 哪些公用面积应分摊？应分摊的公用建筑面积包括套（单元）门以外的室内外楼梯、内外廊、公共门厅、通道、电梯、配电房、设备层、设备用房、结构转换层、技术层、空调机房、消防控制室、为整栋楼层服务的值班卫室、建筑物内的垃圾以及突出屋面有围护结构的楼梯间、电梯机房、水箱间等。

60. 哪些公用面积不能分摊？不能分摊的公用面积为底层架空层中作为公共使用的机动车库、非机动车库、公共开放空间、城市公共通道、沿街的骑楼作为公共开放使用的建筑面积、消防避难层；为多栋建筑物使用的配电房；公民防护地下室以及地面车库、地下设备用房等。

61. 套内阳台建筑面积：套内阳台建筑面积均按阳台外围与房屋外墙之间的水平投影面积计算。其中封闭的阳台按水平投影全部计算建筑面积，未封闭的阳台按水平投影的一半计算建筑面积。

62. 套内使用面积：指套内住户独自使用的面积，一般包括卧室、厨房、卫生间、过厅、起居室、内走道、阳台、壁柜等净面积的总和。

63. 套外使用面积：指套外全体住宅的公共使用面积，如楼梯间、电梯间、公共走道、公共用房等。

64. 商品房销售面积：商品房销售面积 = 套内建筑面积 + 分摊的公用建筑面积

65. 分摊公用建筑面积的计算方法：

分摊公用建筑面积 = 套内建筑面积 × 公用建筑面积分摊系数

公用建筑面积分摊系数 = 公用建筑面积 / 套内建筑面积之和

公用建筑面积 = 整幢建筑的面积 − 套内建筑面积之和 − 不应分摊的建筑面积

66. 套内面积：俗称“地砖面积”。它是在实用面积的基础上扣除了柱体、墙体等占用空间的建筑物后的一个内容空间的概念。动既有章可循，也有利可图，吸引居民和机构投资住房租赁市场。

67. 公摊面积：商品房分摊的公用建筑面积主要由两部分组成：①电梯井、楼梯间、垃圾道、变电室、设备室、公共门厅和过道等功能上为整楼建筑服务的公共用房和管理用房的建筑面积；②各单元与楼宇公共建筑空间之间的分隔以及外墙（包括山墙）墙体水平投影面积的 50%。

68. 公用建筑面积分摊系数：将建筑物整栋的公用建筑面积除以整栋楼各套套内建筑面积之和，得到建筑物的公用建筑面积分摊系数。即公用建筑面积分摊系数 = 公用建筑面积 / 套内建筑面积之和。

69. 住宅的开间：就是住宅的宽度。住宅设计中，住宅的宽度是指一间房屋内一面墙皮到另一面墙皮之间的实际距离。因为是就一自然间的宽度而言，故又称开间。住宅开间一般不超过 3.0m。

70. 住宅的进深：就是指住宅的实际长度。在建筑学上是指一间独立的房屋或一幢居住建筑从前墙皮到后墙壁之间的实际长度。进深大的住宅可以有效地节约用地，但为了保证建成的住宅可以有良好的自然采光和通风条件，住宅的进深在设计上有一定的要求，不宜过大。目前我国大量城镇住宅房间的进深一般要限定在 5m 左右，不能任意扩大。

71. 住宅的层高：层高是指住宅高度以“层”为单位计量，每一层的高度国家在设计上有要求，这个高度就叫层高。它通常包括下层地板面或楼板面到上层楼板面之间的距离，也就是一层房屋的高度。

72. 住宅的净高：是指下层地板面或楼板上表面到上层楼板下表面之间的距离，是层高减去楼板厚度的净剩值。

73. 户型：是指一套住宅由多少卧厅、厨、卫组成。俗称：一室一厅、二室一厅、四室二厅二卫等。

74. 夹层：是指房屋的最上一层，四面外墙的高度一般不低于下式楼层外墙的高度，以内部房间利用部分屋架空间构成的非正式层。

75. 业主：是物业的所有人或物业的使用人。

76. 日照间距：指前后两排房屋之间，为保证后排房屋在规定的时日获得所需日照量而保持的一定的间隔距离，居室窗台中心点（均以外墙面计），在冬至日照时间不足 1 小时的楼间距均不合理。

77. 阳台：阳台是指供居住者进行室外活动、晾晒衣物等的空间。

阳台分为封闭阳台和未封闭阳台。封闭阳台是指采用实体栏板作围护，栏板以上用玻璃等物全部围闭的阳台。未封闭阳台指混凝土阳台栏板上没有窗，与室外露天相连。

78. 平台：平台是指供居住者进行室外活动的屋面或由住宅底层地面伸出室外的部分。

79. 走廊：走廊是指住宅套外使用的水平交通空间。

80. 过道：过道是指住宅套内使用的水平交通空间。

81. 地下室：地下室是指房间地面低于室外地平面的高度超过该房间净高的 1/2 者。

82. 设备层：建筑物中专为设置暖通、空调、给水排水和配变电等的设备和管道且供人员进入操作用的空间层。

83. 避难层：建筑高度超过 100m 的高层建筑，为消防安全专门设置的供人们疏散避难的楼层。

84. 架空层：仅有结构支撑而无外围护结构的开敞空间层。

85. 建筑容积率：是指项目规划建设用地范围内全部建筑面积与规划建设用地面积之比。

86. 绿化率：绿化率是指项目规划建设用地范围内的绿化面积与规划建设用地面积之比（即植被垂直面积与规划建设用地面积之比），对购房者而言，绿化率高为好。

87. 公摊系数 = 公摊面积 / 套内面积

88. “五证”包括什么？房地产商在预售商品房时应具备《建设用地规划许可证》、《建设工程规划许可证》、《建筑工程施工许可证》、《国有土地使用证》和《商品房预售许可证》，简称“五证”。

89. “二书”：是指建设部为了加强对商品房的质量管理与监督，要求开发商必须提供的新建住宅质量保证书和新建住宅使用说明书。

90. “二表”：二表是指交房时要求开发商提供的《竣工验收备案表》和《面积实测表》。

91. 物业管理：物业管理就是专业化的机构受业主和使用人委托，依照合同和契约，以经营方式统一管理物业极其附属设施和场地，为业主和承租人提供全方位服务，是物业发挥其使用价值，并使物业尽可能地保值、增值。

92. 面积差异处理：合同登记面积与产权登记有差异的，以产权登记面积为准。（1）面积误差比绝对值在 3% 以内（含 3%）的，据实结算房价款。（2）面积误差比绝对值超出 3% 时，买受人有权退房。买受人不退房的，产权登记面积大于合同登记面积时，面积误差比在 3% 以内（含 3%）的部分房价款由买受人补足；超出 3% 的部分房价款由出卖人承担，产权归买受人。产权登记面积小于合同登记面积时，面积误差比绝对值在 3% 以内（含 3%）部分的房价款由出卖人返还买受人；绝对值超出 3% 部分的房价款由出卖人双倍返还买受人。计算公式：面积误差比 =（产权登记面积 - 合同约定面积）/ 合同约定面积 %

附录二　房屋建筑学相关知识

一、建筑物的组成及各组成部分的作用

一幢民用建筑，一般是由基础、墙、楼地层、楼梯、屋顶和门窗六大部分构成。它们在不同的部位，发挥着各自的作用。

除上述六大组成部分以外，还有一些附属部分，如阳台、雨罩、台阶、烟囱等。

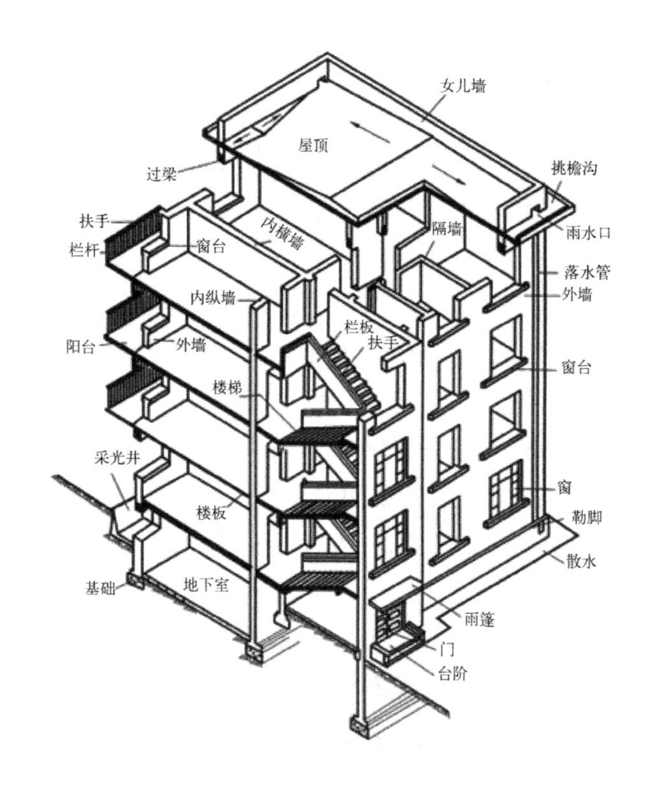

1. 基础

基础是位于建筑物最下部的承重构件。承受着建筑物的全部荷载，并将这些荷载传给地基。因此，作为基础，必须具有足够的强度，并能抵御地下各种因素的侵蚀。

2. 墙

墙是建筑物的承重构件和围护构件。作为承重构件，承受着建筑物由屋顶或楼板层传来的荷载，并将这些荷载再传给基础。作为围护构件，外墙起着抵御自然界各种因素对室内侵袭的作用；内墙起分隔房间、创造室内舒适环境的作用。为此，要求墙体根据功能的不同分别具有足够的强度、稳定性、保温、隔热、隔声、防水、防火等能力以及

具有一定的经济和耐久性。

3. 楼地层

楼板层是楼房建筑中水平方向的承重构件。按房间层高将整幢建筑物沿水平分为若干部分。楼板层承受着家具、设备和人体的荷载以及本身自重，并将这些荷载传给墙。同时还对墙身起着水平支撑的作用。作为楼板层，要求具有足够的抗弯强度、刚度和隔声能力。同时，对有水侵蚀的房间，则要求楼板层具有防潮、防水的能力。地坪是底层房间与土层相接的部分，它承受底层房间的荷载。不同地坪要求具有耐磨、防潮、防水和保温等不同的能力。

4. 楼梯

楼梯是楼房建筑的垂直交通设施，供人们上下楼层和紧急疏散之用。故要求楼梯具有足够的通行能力以及防火、防滑的要求。

5. 屋顶

屋顶是建筑物顶部的外围护构件和承重构件。抵御着自然界雨雪及太阳热辐射等对顶层房间的影响；承受着建筑物顶部荷载，并将这些荷载传给墙。作为屋顶必须具有足够的强度、刚度以及防水、保温、隔热等的能力。

6. 门窗

门主要供人们内外交通和隔离房间之用；窗则主要是采光和通风，同时也起分隔和围护作用。门和窗均属非承重构件。对某些有特殊要求的房间，则要求门、窗具有保温、隔热、隔声的能力。

二、最常见的几种结构类型及其特点

1. 混合结构

是指建筑物的主要承重构件分别采用多种材料所制成，如砖与木、砖与钢筋混凝土、钢筋混凝土与钢等等。在这类建筑中，目前以前两者居多，加上它主要以砖墙为主体，故习惯上又称砖混结构。

它是多层建筑的主要结构形式。

特点：可根据各地情况，因地制宜，就地取材，降低造价。

2. 钢筋混凝土结构

是指建筑物的主要承重构件均采用钢筋混凝土材料制成。

目前高层建筑所采用的主要结构形式。

特点：钢筋混凝土的骨料可就地取材，耗钢量少，加之水泥原料丰富，造价亦比较便宜，且防火性能和耐久性能好。

3. 钢结构

是指建筑物的主要承重构件用钢材制作的结构。

目前主要用于大跨度、大空间以及高层建筑中。

特点：强度高，构件重量轻，且平面布局灵活，抗震性能好，施工速度快等特点。但由于我国钢产量不多，所以造价很高。

三、建筑物的基础和地下室

1. 基础的作用及其与地基的关系

（1）基本概念

建筑物与土壤直接接触的部分称为基础。

支承建筑物重量的土层称为地基。

基础是建筑物的组成部分，客观存在承受着建筑物的上部荷载，并将这些荷载传给地基。地基不是建筑物的组成部分。地基可分为天然地基和人工地基两类。

天然土层本身有足够的强度，能直承受建筑物荷载的地基叫天然地基。天然土层本身的承载能力弱，或建筑物上部荷载较大，须预先对土壤层进行人工加工或加固处理后才能承受建筑物荷载的地基称人工地基。

（2）基础的类型

1）按所有材料及受力特点分类

①刚性基础：刚性材料制作的基础称刚性基础。刚性材料：抗压强度高，而抗拉、抗剪强度低的材料。常见有：砖、石、混凝土。

②柔性基础：在混凝土基础底部配以钢筋，利用钢筋来承受拉力，使基础底部能够承受较大的弯矩。

2）按基础的构造型式分类

①条形基础（带形基础）：当建筑物上部结构采用砖墙或石墙承重时，基础沿墙身设置。

②独立基础：当建筑物上部采用框架结构或单层排架及门架结构承重时，基础常采用方形或矩形的单独基础，这种基础叫单独基础或柱式基础。当柱采用预制构件时，基础做成杯口形，然后将柱子插入、并嵌固在杯中内，故称杯形基础。

③井格式基础：当框架结构处在地基条件较差的情况时，为了提高建筑物的整体性，以免各柱子之间产生不均匀沉降，常将柱下基础沿纵横方向连接起来，做成十字交叉的井格基础，也叫十字带形基础。

④筏形基础：当建筑物上部荷载较大，而所在地的地基又比较弱，这时采用简单的条形基础或井格式基础已不能适应地基变形的需要是，常将墙或柱下基础连成一片，使整个建筑物的荷载承受在一块整板上，这就是筏形基础。筏式基础有平板式和梁板式之分。

⑤箱形基础：箱形基础是由钢筋混凝土的底板、顶板和若干纵横墙组成的，形成空心箱体的整体结构。基础的中空部分，可用作地下室，有的还可形成多层地下室。箱形基础整体空间刚度大，对抵抗地基不均匀沉降有利，一般适用于高层建筑或在软弱地基

上建造的重型建筑物。地下部分可做人防、车位、设备层等等。

⑥桩基础：按受力特点可分为端承桩和摩擦桩。桩基础可以穿过软土层把建筑物的荷载传递到持力层这样的桩叫端用桩与土层之间的摩擦力来承受建筑物的荷载的称为摩擦桩。桩基础可以节省大量的土方工程。

2. 地下室

建筑物下部的空间叫地下室。

地下室防水设防等级

防水等级	一级	二级	三级	四级
适用范围	人员长期停留的场所	人员经常活动的场所	人员临时活动的场所	对漏水无严格要求的工程
标准	不允许渗水，结构表面无湿渍	不允许漏水，结构表面可有少量湿渍	有少量漏水点，不得有线流和漏泥沙	有漏水点，不得有线流和漏泥沙
设防做法	多道设防	两道设防	可以一道，也可以两道设防	一道设防

3. 地下室的分类

（1）按使用性质分

①普通地下室：普通的地下空间。一般按地下楼层进行设计。

②人防地下室：有人民防空要求的地下空间。人防地下室应妥善解决紧急状态下的人员隐蔽与疏散，应有保证人身安全的技术措施。

（2）按埋入地下深度分

①全地下室：全地下室是指地下室地平面低于室外地坪面的高度超过该房间净高 1/2 者。

②半地下室：半地下室是指地下室地平面低于室外地坪面高度超过该房间净高 1/3，且不超过 1/2 者。

4. 人防地下室的等级

人防地下室按其重要性分为六级，其区别在指挥所的性质及人防的重要程度。

（1）一级人防：指中央一级的人防工事。

（2）二级人防：指省、直辖市一级的人防工事。

（3）三级人防：指县、区一级及重要的通讯枢纽一级的人防工事。

（4）四级人防：指医院、救护站及重要的工业企业的人防工事。

（5）五级人防：指普通建筑物下部的人员掩蔽工事。

（6）六级人防：指抗力为 0.05MPa（约 $5t/m^2$）的人员掩蔽和物品贮存的人防工事。

四、房屋的主体结构

1. 墙体的分类

按墙体所处位置分：内墙、外墙、纵墙、横墙、（外横墙又称之为山墙）。墙体按结构受力情况不同可分为承重墙和非承重墙。墙体按所用材料不同，可分为砖墙、石墙、土墙及混凝土墙等。

2. 墙体的作用

承重、保温、隔热、分隔房间、装饰等作用。

3. 墙体的构造

12 墙、18 墙、24 墙、37 墙、49 墙等。标准砖的规格为 53mm × 115mm × 240mm。

4. 墙体的细部结构

（1）门窗过梁：当墙体上开设门、窗洞孔时，为了支撑洞孔上部所传来的各种荷载，并将这些荷载传给窗间墙，常在门、窗洞孔上设置横梁，该梁称过梁。

（2）窗台：当室外雨水沿窗扇下淌时，为避免雨水聚积窗下并侵入墙身且沿窗下槛向室内渗透，常于窗下靠室外一侧设置泄水构件——窗台。

（3）勒脚：外墙与地面接触处，突出墙面的部分称为勒脚。它起着保护墙身和增加建筑物立面美观的作用。

（4）明沟：又称阳沟，位于外墙四周，将通过水落管流下的屋面雨水等有组织地导向地下排水集井，而流入下水道，起到保护墙基的作用。

（5）散水：为保护墙基不受雨水的侵蚀，常在外墙四周将地面做成向外倾斜的坡面，以便将屋面雨水排至远处，这一坡面称散水或护坡。散水的坡度约 5%，宽一般为 600 ~ 1000mm。

（6）墙身的加固：为了提高建筑物的空间刚度及整体的稳定性，提高墙体的应变能力，通常在建筑物的四周加设的圈梁与构造柱。圈梁是沿外墙四周及部分内横墙设置的连续闭合的梁。构造柱一般设置在建筑物的四角、内外墙交接处、楼梯间、电梯间以及某些较长的墙体中部。

（7）防潮层：在墙身中设置防潮层的目的是防止土壤中的水分沿基础墙上升和勒脚部位的地面水影响墙身。它的作用是提高建筑物的耐久性，保持室内干燥卫生。包括：①防水砂浆防潮层；②油毡防潮层；③混凝土防潮层。

五、楼地层构造

1. 钢筋混凝土楼板构造

（1）现浇钢筋混凝土楼板：根据受力和传力情况有板式楼板、梁板式楼板、无梁楼板和钢衬板楼板之分。

（2）预制装配式钢筋混凝土楼板：分为实心板、槽形板及空心板。

（3）装配整体式钢筋混凝土楼板：将楼板中的部分构件预制，然后到现场安装，再以整体浇筑其余部分的办法连而成的楼板。它兼有现浇与预制的双重优越性。

（4）梁：受弯曲的构件，按受力情况分可分为：简支梁、悬臂梁及连续梁。

2. 地坪层与地面构造

（1）地坪系指建筑物底层与土壤相接触的结构构件。和楼板层一样，它承受着地坪上的荷载并均匀传给地基。地坪由面层和基层两部分构成。

（2）地面构造：楼板层的面层和地坪的面层在构造和要求上是一致的，均属室内装修范畴。统称地面。地面分为：整体类、镶铺类、粘贴类及涂料类。

3. 阳台与雨棚

（1）阳台：阳台是楼房建筑中，多层房间与室外接触的平台。按阳台与外墙相对位置和结构处理不同，可有挑阳台、凹阳台和半挑半凹阳台等。

（2）雨棚：是建筑物入中处位于外门上部用以遮挡雨水、保护外门免受雨水侵害的水平构件。

六、楼梯与电梯构造

1. 概述

解决建筑物垂直交通和高差的措施

解决建筑物的垂直交通和高差一般采取以下措施：

（1）坡道：用于高差较小时的联系，常用坡度为 1/5 ~ 1/10，角度在 20° 以下。

（2）楼梯：用于楼层之间和高差较大时的交通联系，舒适坡度为 26° 34′，即高宽比为 1/2。

（3）电梯：用于楼层之间的联系，角度为 90° 。

（4）自动扶梯：又称“滚梯”，有水平运行、向上运行和向下运行三种方式，向上或向下的倾斜角度为 30° 左右，亦可以互换使用。

（5）爬梯：多用于专用梯（工作梯、消防梯等），常用角度为 45°~ 90° 。

2. 楼梯数量的确定

公共建筑和走廊式住宅一般应取二部楼梯，单元式住宅可以例外。

2 ~ 3 层的建筑（医院、疗养院、托儿所、幼儿园除外），可设一个疏散楼梯。

九层和九层以下，每层建筑面积不超过 300m^2，且人数不超过 30 人的单元式住宅可设一个楼梯。

3. 楼梯位置的确定

（1）楼梯应放在明显和易于找到的部位。

（2）楼梯不宜放在建筑物的角部和边部，以便于荷载的传递。

（3）楼梯间应有直接采光。

（4）四层以上建筑物的楼梯间，底层应设出入口，在四层及以下的建筑物，楼梯间可以放在距出入口不大于 15m 处。

4. 楼梯的各部名称及尺寸

楼梯由三部分组成：楼梯段、休息平台和栏杆扶手（栏板）。

（1）踏步

踏步是人们上下楼梯脚踏的地方。踏步的水平面叫踏面，垂直面叫踢面。踏步的尺寸应根据人体的尺度来决定其数值。

住宅踏步最小宽度为260mm，最大高度为175mm。

（2）梯井

两个楼梯段之间的空隙叫梯井。公共建筑梯井的宽度以不小于150mm为宜。（消防要求而定）。

（3）楼梯段

楼梯段的宽度取决于通行人数和消防要求，每个楼梯段必须保证二人同时上下；楼梯段的最小踏步数为3步，最多为18步。

（4）楼梯栏杆和扶手

楼梯在靠近梯井处应加栏杆或栏板，顶部做扶手。

水平的护身栏杆应不小于1050mm。竖向间距不大于110mm。

楼梯段的宽度大于1650mm时，应增设靠墙扶手。楼梯段宽度超过2200mm时，还应增设中间扶手。

（5）休息平台（休息板）

为了减少人们上下楼时的过分疲劳，建筑物层高在3m以上时，常分为两个梯段，中间增设休息平台。

休息平台的宽度必须大于或等于梯段的宽度。

（6）净高尺寸

楼梯休息平台上表面与下部通道处的净高尺寸不应小于2000mm。楼梯段之间的净高不应小于2200mm。

5. 电梯与扶梯

（1）电梯

电梯是解决垂直交通的另一种措施，它运行速度快，可以节省时间和人力。对于高层住宅则应该根据层数、人数和面积来确定。一台电梯的服务人数应在400人以上，服务面积在450～500m^2，建筑层数应在10层以上，比较经济。

电梯是由机房、井道和地坑三部分组成。

设置电梯的建筑，楼梯还应照常规做法设置。

（2）自动扶梯

自动扶梯由电动机械牵引，梯级踏步连同扶手同步运行，机房搁置在地面以下，自动扶梯可以正逆运行，即可上升又可以下降。在机械停止运转时，可作为普通楼梯使用。

自动扶梯的坡度通常为30°和35°。

七、门窗

1. 门窗的作用

窗的作用是采光和通风，对建筑立面装饰也起很大的作用，同时，也是围护结构的一部分。窗的散热量约为围护结构散热量的2～3倍。窗口面积越大，散热量也随之加大。

门是人们进出房间和室内外的通行口，也兼有采光和通风作用；门的立面形式在建筑装饰中也是一个重要方面。

2. 门窗的材料

当前门窗的材料有木材、钢材、彩色钢板、铝合金、塑料、玻璃钢等多种。塑料门窗有塑钢、塑铝、纯塑料等。为节约木材一般不应采用木材作外窗。（潮湿房间不宜用木门窗，也不应采用胶合板或纤维板制作）。

3. 窗洞口大小的确定

窗洞口大小的确定方法有两种，一种是窗地比（采光系数），另一种是玻地比。

（1）窗地比（采光系数）

窗地比是窗洞口面积与房间净面积之比。

居住建筑各朝向的窗墙面积比，北向不大于0.25；东、西向不大于0.30；南向不大于0.35。

（2）玻地比

窗玻璃面积与房间净面积之比叫玻地比。采用玻地比决定窗洞口面积的只有中小学校，其最小数值如下：

教室、美术、书法、语言、音乐、史地、合班教室及阅览室1∶6；

实验室、自然教室、计算机教室、琴房1∶6；

办公室、保健室1∶6；

饮水处、厕所、淋浴、走道、楼梯间1∶10。

4. 门洞口大小的确定

一个房间应该开几个门，每个建筑物门的总宽度应该是多少，一般是由交通疏散的要求和防火规范来确定的。在实际确定门的数量和宽度时，还要考虑到通风、采光、交通及搬运家具、设备等要求。

门的最小宽度取值为：

（1）住宅户门：1000mm；

（2）住宅居室门：900～1000mm；

（3）住宅厨、厕门：750mm；

（4）住宅阳台门：1200mm；

（5）住宅单元门：1200mm；

（6）公共建筑外门：1200mm。

5. 窗的分类

（1）以开启形式分

①平开窗

内开窗：玻璃扇开向室内。

外开窗：玻璃窗扇开向室外。高层建筑应尽量少用。

②推拉窗

这种做法的优点是不占空间。一般分左右推拉窗和上下推拉窗。左右推拉窗比较常见，构造简单。上下推拉窗是用重锤通过钢丝绳平衡窗扇，构成较为复杂。

③旋转窗

这种窗的特点是窗扇沿水平轴旋转开启。由于旋转轴的安装位置不同，分为上悬窗、中悬窗、下悬窗；也可以沿垂直轴旋转而成垂直旋转窗。

④固定窗

这是一种只供采光、不能通风的窗。

⑤百叶窗

这是一种通风窗。多用于有特殊要求的部位。

（2）从材料区分

①木窗

木窗加工方便，过去使用比较普遍。缺点是不耐久，容易变形。

②钢窗

钢窗是用热轧特殊断面的型钢制成的窗。钢窗耐久、坚固、防火、挡光少，对采光有利，可以节省木材，其缺点是关闭不严、空隙大。现在已基本不用。

③钢筋混凝土窗

这种窗的窗框部分采用钢筋混凝土做成，窗扇部分则采用木材或钢材。这种窗制作比较麻烦。

④塑钢窗

这种窗的窗框与窗扇部分均采用硬质塑料构成，其断面为空腹形，一般采用挤压成型。

⑤铝合金窗

主要用于商店橱窗等窗型。铝合金是采用铝镁硅系列合金钢材，表面呈银白色或深青铜色，其断面亦为空腹形，造价适中。

6.门的种类和构造

（1）以开启形式分

①平开门

平开门可以内开或外开，作为安全疏散门时一般应外开。

②弹簧门

这种门主要用于人流出入频繁的地方，但托儿所、幼儿园等类型建筑中儿童经常出入的门，不可采用弹簧门，以免碰伤小孩。

③推拉门

这种门悬挂在门洞口上部的支承铁件上，然后左右推拉。其特点是不占室内空间，但封闭不严。

④转门

这种门成十字形，安装于圆形的门框上，人进出时推门缓缓行进。这种门的隔绝能力强、保温、卫生条件好，常用于大型公共建筑的主要出入口。

⑤卷帘门

它多用于商店橱窗或商店出入口外侧的封闭门。

⑥折门

又称折叠门。门关闭时，几个门扇靠拢一起，可以少占有效面积。

（2）以材料分

①木门

木门使用比较普遍，但重量较大，有时容易下沉。门扇的做法很多，如拼板门、镶板门、胶合板门、半截玻璃门等。

②钢门

采用钢框和钢扇的门，用量较少。

③钢筋混凝土门

这种门用于人防地下室的密闭门较多。缺点是自重大，必须妥善解决连接问题。

④铝合金门

这种门主要用于商业建筑和大型公共建筑物的主要出入口。表面呈银白色或深青铜色，给人以轻松、舒适的感觉。

（3）满足特殊要求的门

用于通风、遮阳的百叶门，用于保温、隔热的保温门，用于隔声的隔声门，以及防火门、防爆门等多种。

八、屋顶构造

1. 概述

屋面的防水等级与设防要求

防水等级	Ⅰ级	Ⅱ级	Ⅲ级	Ⅳ级
建筑类别	特别重要的民用建筑和对防水有特殊要求的工业建筑	重要的建筑和高层建筑	一般的建筑	非永久性的建筑
防水合理使用年限	25年	15年	10年	5年
设防要求	三道或三道以上防水设防	二道防水设防	一道防水设防	一道防水设防

2. 屋顶的类型

大体可以分为平屋顶，坡屋顶和其他形式的屋顶。各种形式的屋顶，其主要区别在于屋顶坡度的大小。

（1）平屋顶：坡度在2%～5%的屋顶，称为平屋顶。平屋顶的坡度，可以用材料找出，通常叫“材料找坡”；也可以用结构板材带坡安装，通常叫“结构找坡”。

（2）坡屋顶：坡度在10%～100%的屋顶叫坡屋顶。坡屋顶常见的坡度为50%（屋面高度与跨度的比值为1/4）。

（3）其他形式的屋顶：这部分屋顶坡度变化大、类型多，大多应用于特殊的平面中。常见的有网架、悬索、壳体、折板等类型。

3. 屋顶的基本结构

以平屋顶为例，屋顶的基本结构是：屋面板、找坡层、保温层、找平层、防水层。

4. 防水的种类

分为刚性防水柔性防水。

（1）刚性防水：是通过增强刚性混凝土构件的自身的密实性和不透水性采取措施切断混凝土内毛细透水孔道。具体做法有，改变混凝土配合比；加强振捣，加入适量的防水剂，加入抵抗温度应力的分布钢筋。多用于游泳池、地下蓄水池。

（2）柔性防水：将防水卷材或片材用胶结料粘贴在屋面上，形成一个大面积的封闭防水覆盖层。这种防水层有一定的延伸性，有利于适应直接暴露在大气层的屋面和结构的温度变形。

九、变形缝

建筑物由于温度变化、地基不均匀沉降以及地震等因素的影响，使结构内部产生附加应力和变形，除了加强建筑物的整体性外，预先在一些变形敏感的部位将结构断开、预留缝隙，以保证各部分建筑物在这些缝隙吸足够的变形宽度而不造成建筑物的破损。

这种将建筑物垂直分割开来的预留缝称为变形缝。

变形缝有三种，即伸缩缝、沉降缝和防震缝。

1. 伸缩缝

是将基础以上的建筑构件全部分开，并在两个部分之间留出适当的缝隙，以保证伸缩缝两侧的建筑构件能在水平方向自由伸缩。缝宽一般在 20 ~ 40 毫米。

2. 沉降缝

是为了建筑物各部分由于不均匀降引起的破坏而设置的变形缝。

3. 防震缝

地震波由震源向四周扩展，引起环状的波动，使建筑物产生上下、左右、前后多方向的振动，为增强建筑物防震性能而设置。

十、一般建筑构造的原理与方法

1. 防水构造

侵入房间的水须予以防止，水的来源有地下水、天落水及用水房间（厨房、卫生间及厕所等）的溢水，因而方法也有所不同。

（1）地下室防水构造

当设计最高地下水位高于地下室地面，即地下室的外墙和地坪浸在水下时，必须考虑地下室防水。有时地下室底板虽略高于设计地下水位，但地基有形成滞水可能性如黏土时，也可考虑采用防水构造或其他措施，目前常采用材料防水和混凝土自防水两种。材料防水是在外墙和底板表面敷设防水材料，借材料的高效防水特性阻止水的渗入，常用卷材、涂料和防水水泥砂浆等。

（2）屋顶防水构造

为了排除天落水，屋面必须设置坡度。坡度大则排水快，对屋面的防水要求可降低；反之则要求高。根据排水坡的坡度大小不同可分为平屋顶与斜屋顶两大类，一般公认坡面升高与其投影长度之比 $i < 1:10$ 时为平屋顶，$i < 1:10$ 时称为斜屋顶。

屋顶防水构造可分为卷材防水屋面和刚性防水屋面，各构造层次及其作用与基础原理如下

①保护层。一般采用 3 ~ 6mm 粒径的粗砂粘贴作为保护层，上人屋顶可铺 30mm 厚水泥板或大阶砖。保护层的作用有三：其一是浅色反射隔热，油毡防水层的表面呈黑色，最易吸热，在太阳辐射下，其夏季表面综合温度可达 60 ~ 80℃，常致沥青流淌毡老化。保护层可减少吸热，使太阳辐射温度明显下降，从而达到隔热与延迟老化的作用。其二是有利于防止暴风雨对油毡防水层的冲刷。其三是以其重量压住油毡的边角，防止起翘。

②找平层。水泥砂浆找平层一般采用 1 : 2 ~ 3 水泥砂浆抹 20mm 厚作为钢筋混凝土屋面板上的平整表面，以便于防水层的铺贴粘牢。

③冷底子油涂刷。起促进油毡防水层与水泥砂浆找平层的结合及加强粘结力的作用，因此可以称为“结合层”。

2. 防潮构造

（1）勒脚与底层实铺地防潮

勒脚处于室内外高差的位置，易受雨水浸蚀，墙基础吸收土中的水分，也将沿勒脚上升到墙身。解决的办法是“排”与“隔”相结合。室外的散水坡或明沟是“排”的措施，防潮是“隔”的措施。根据材料不同，有油毡防潮层、防水砂浆防潮层和细石混凝土防潮层三种。

（2）地面回潮的防止

我国南方湿热地区在春末夏初之际，空气相对湿度上升，其值可达 80%甚至 90%以上。当雨天转晴时，气温上升快而地表温度上升迟缓，其值常低于露点温度，于是空气中的水汽便在地表凝结。为了防止回潮现象的产生，对症下药的途径是在当气温回升时，使地表温度也能随之迅速提高到露点温度以上，从而避免凝结水的产生。

（3）地下室的防潮

当地下水的最高水位在地下室地面标高以下约 1m 时，地下水不能直接侵入室内，墙和地坪仅受土层中潮气影响；当地下水最高水位高于地下室地坪时，则应采用地下室防水构造；高出最高水位 0.5 ~ 1.0m 以上的地下室外墙部分需做防潮处理（图 1-5-7）。

3. 保温构造

我国广大的北方地区和青藏高原的冬季十分寒冷且持续时间也很长，其最冷月月平均气温一般为 -10 ~ -30℃，而室内采暖的气温要求为 16 ~ 20℃，厂房为 10 ~ 15℃，室内外温差达 10℃之多。室内外温差的存在，必然导致室内的热量通过围护结构向外散发，为此房屋的围护结构应当具有一定的保温性能。

为了提高墙体的保温性能，常采取以下措施：①增加墙体厚度；②选择导热系数小的墙体材料制作复合墙，常将保温材料放在靠低温一侧，或在墙体中部设封闭的空气间层或带有铝箱的空气间层。

平屋顶保温层有两种位置：①将保温层放在结构层之上，防水层之下，成为封闭的保温层，称为内置式保温层；②将保温层放在防水层之上，称为外置式保温层。

4. 隔热构造

南方地区的夏季太阳辐射热十分强烈，据测试 24h 的太阳辐射热总量，东西墙是南向墙的 2 倍以上，屋面是南向墙的 3.5 倍左右，因而对东向、西向和顶层房间应采用构造措施隔热。隔热的主要手段为：①采用浅色光洁的外饰面；②采用遮阳一通风构造；③合理利用封闭空气间层；④绿化植被隔热。

5. 变形缝构造

变形缝可分为伸缩缝、沉降缝和防震缝三种。当建筑物长度超过一定限度时，会因其变形过大而产生裂缝甚至破坏，因此常在较长建筑物的适当部位设置竖缝，使其分离成独立区段，使各部分有伸缩余地，这种主要考虑温度变化而预留的构造缝叫伸缩缝，伸缩缝的宽度一般在 20 ~ 30mm。墙体伸缩缝的形式根据墙的布置及墙厚的不同，可做成平缝。错口缝和企口缝等，缝中应采用防水而不易被挤出的弹性材料填塞，可用镀锌铁皮、铝板、木质盖缝板或盖缝条做盖缝处理。

沉降缝与伸缩缝的主要区别在于沉降缝是将建筑物从基础到屋顶的全部构件断开，即基础必须断开，从而保证缝两侧构件在垂直方向能自由沉降。沉降缝构造与伸缩缝基本相同，只是盖缝的做法必须保证缝两侧在垂直方向能自由沉降。

对多层砌体房屋，在设防烈度为 8 度和 9 度且有下列情况之一时宜设置防震缝：建筑物高差在 6m 以上时；建筑物有错层，且楼板高差较大时；建筑物各部分结构刚度质量截然不同时。防震缝应将建筑物的墙体、楼地面、屋顶等构件全部断开，缝两侧均应设置墙体或柱。